此刻并未知晓
未来会有多好

王宇昆 —●— 著

天地出版社 | TIANDI PRESS

图书在版编目（CIP）数据

此刻并未知晓，未来会有多好 / 王宇昆著. 一成都：
天地出版社，2021.1
ISBN 978-7-5455-5852-4

Ⅰ.①此… Ⅱ.①王… Ⅲ.①成功心理－通俗读物
Ⅳ.①B848.4-49

中国版本图书馆CIP数据核字（2020）第138147号

CIKE BINGWEI ZHIXIAO，WEILAI HUI YOU DUOHAO

此刻并未知晓，未来会有多好

出 品 人	杨　政
作　　者	王宇昆
责任编辑	杨　露
装帧设计	刘志华
责任印制	葛红梅

出版发行　天地出版社
　　　　　（成都市槐树街2号　邮政编码：610014）
　　　　　（北京市方庄芳群园3区3号　邮政编码：100078）
网　　址　http://www.tiandiph.com
电子邮箱　tianditg@163.com
经　　销　新华文轩出版传媒股份有限公司

印　　刷　北京文昌阁彩色印刷有限责任公司
版　　次　2021年1月第1版
印　　次　2021年1月第1次印刷
开　　本　880mm×1230mm 1/32
印　　张　8.5
字　　数　196千字
定　　价　45.00元
书　　号　ISBN 978-7-5455-5852-4

咨询电话：(028) 87734639（总编室）
购书热线：(010) 67693207（营销中心）

如有印装错误，请与本社联系调换

你准备好和我一起奔赴未来了吗？

确认

Contents　　　目　录

001　　　　㊛　此刻并未知晓，未来会有多好

第一章　　　　不甘平凡，就去奋斗　　🔍

010　　　那些害怕掉队的年轻人
016　　　别人凭什么要帮你
023　　　要学会面对落差
029　　　未来很好，值得奋斗
034　　　失群的 Amanda
042　　　人生里那些弥足珍贵的瞬间
047　　　赚钱对年轻人到底意味着什么
055　　　先努力，后看回报
060　　　人生第一次，还请加油

发送完毕

第二章　　　　**生而有梦，不负理想**　🔍

068　　那个挺身而出的姑娘

074　　我所向往的生活

079　　孤单的灵魂总要回家

086　　待到辣椒成熟时

093　　飘荡人间的宇航员

098　　有些伤痛需要自己走出

103　　星火送我一段话

第三章　　　　　　　经历动荡，才能成长　🔍

112　　　当她恋爱时

119　　　少年人不应怕

125　　　失恋事小

134　　　不后悔失去，也不畏惧将来

140　　　Don't judge，酷一点

144　　　孤独的背面

150　　　爱别人前，要先爱自己

156　　　人生不能像做菜

161　　　但行好事，莫问前程

发送完毕 ▾

第四章　　　　被爱之后，爱人之前 🔍

170　　　被时光裹藏住的心事

177　　　总是一个人过节的姑娘

184　　　我知道你会来，所以我等

192　　　一个不婚主义者的内心独白

197　　　也曾爱上一个不可能的人

204　　　找个连你缺点也喜欢的人

209　　　下雨的时候哭比较不痛

216　　　被爱之后，爱人之前

225　　　前任也曾是对的人

230　　　友达以上

236　　　喜欢你

242　　　世界曾赠她一个奇迹

255　　　后记　我是个年轻人，我想酷一点

The future will be bright.

序 此刻并未知晓，未来会有多好

我叫王宇昆，一九九六年出生于黄河入海口，似乎因为自己是双鱼座的缘故，所以至今生活过的每一处土地，都与大海、岛屿有关。出生在山东半岛，大学本科在厦门就读，又在爱尔兰读研。

三年前从厦门大学本科毕业时，除了学生的身份，还有一个标签就是写作者。十三岁开始在杂志上发表文章，如今已经出版了几本书，有长篇小说，有短篇小说集，也有随笔集。

从严格意义上来说，我是从新概念比赛中走出的青年作者。后来又参加过郭敬明旗下杂志《最小说》举办的TN（文学之新全国新人选拔赛），《小说绘》的MKT，也曾拿过香港青年文学奖，等等。遗憾的是，依旧没搞出什么名堂来，默默无闻地在做一个小透明。

如果我是一个读者，看到这些头衔，其实心里也会有点烦，会想：这人怎么这么喜欢卖弄自己啊。

但说实在的，之所以讲这些，只是想展示自己作为"95后"的一点不同之处，并不是在借机炫耀自己有多厉害。

上高中的时候，看过星盘，解读说自己特别适合文学艺术这条道路，于是信以为真，仿佛找到了枯燥学业之外的人生志趣。那个时候，喜欢给杂志投稿，而文章多是青春期的无病呻吟，渐入佳境后便抱着试一试的心态参加了新概念作文大赛。

因为从小是乖孩子的人设，写东西成了我青春期唯一可以尽情做自己的出口。于是，开始写各种人的各种生活，我会把发表的文章整理在一个文档里。高中毕业的时候，发表的文章字数差不多快八十万字了。

其实父母一直都不是很支持我写东西，他们希望我去学拉丁舞、学画画，将来做个老师或者考个公务员。

高三的时候，我爸发现我在偷偷码字，那时候还在用台式电脑，我爸会过来直接把电脑的总电源给我关掉，有时候辛辛苦苦写了几千字的文章，来不及保存就全不见了。

参加新概念作文大赛拿了奖后，我爸妈才对我写作这件事有所改观。

十七岁，我成功考上了厦大。很多人问我为什么十七岁就上大一了，是不是比别人上学早，其实是因为我在小学的时候跳了一级。

刚进厦大的时候，还一脸稚嫩，却总想做个和中学时不一样的自己。除学习以外，我特别热衷于到处奔波，去感受社会和世界的温度。

大一开始，去参加了一些比赛。十七岁这一年，见识了一些知名作家的厉害，参加了一些电视节目，有幸成为饶雪漫公司的签约作者。

那时候，特别渴望被关注，希望这世界能够停一停，看自己一眼。也因此特别执着于证明自己。

现在回想一下，觉得也值了，一个少年，如果自己不努力去争取自己想要的生活，又怎么能碰到机会。

十七岁那年还发生了一件大事，那就是我减肥成功，体测的时候，跑进前三的感觉真的很棒。这些似乎只属于瘦子的感受，我也终于可以体会了。也是从这时候开始，我尝到了自律的甜头。

到这里，一切似乎都可以顺着青春小说里男主一路顺风的剧情走下去，可紧接着发生在自己身上的事情，又让我好长一段时间坠入谷底。

大二那年，我跟经纪公司解约了，当初被许诺的美好愿景一瞬落空。我曾经把很多的期望都寄托在这件事上，也为之倾注了很多的努力，但最后还是没能按照我设想的发展下去。

刚签约公司那阵子，我特别高兴，与父母分享了这一喜讯。签约，意味着只要自己足够努力，就一定会得到回报。而他们脸上的笑容，则让我觉得分外踏实。

所以解约这件事成为事实之后，我并没有告诉他们，而是一人承担下这些难过。

有句老话：老天爷为你关上一扇门，就必然会为你打开一扇窗。

事实确实如此。解约后没多久，一个很偶然的机会，我得到了投资，于是便在厦门拥有了一个文创工作室，主要是负责做文创策划、创意周边类的工作。

刚起步，又没什么工作经验，所以稳妥起见，团队的成员也不多，基本上都是靠我一人单打独斗。

还好，当时的老板特别信任我，有事没事就会跟我聊天，他最常说的一句话就是，年轻人不要害怕失败，没有人能随随便便成功。

果然，我失败了，在某一天，这间小小的工作室宣布倒闭。

很久之后，再想起来这件事，依然记忆犹新。

那时我读大二，临近下学期的期末考试。宣布倒闭之后，我把合作方最后的尾款全部给了老板。虽是尾款，但与倒闭带来的损失相比，杯水车薪。

那天晚上，老板请我吃了顿饭，他说："你请客吧，吃完这顿饭，你就不欠我什么了。"

我苦笑了一下，去结了账，近一千块。我不是心疼这点钱，而是对于当时的我来说，确实不是一笔小数目，而与我给他带来的损失相比，不多。

后来有一次跟一个前辈聊天时，对方跟我说了一句话。

他说，这个世界本无亏欠，欠下的总归要还，只是有些希望跟期待，一旦付出了就再也还不清了。

所以，每当再回忆起自己搞砸工作室的那段经历，都会觉得于心有愧，也从不跟人提起。

辜负一个人的希望，这种感觉不好受。

因为同样被辜负过，所以懂得。

失望攒多了，人会走向两个极端：一个是，彻底跌入谷底自此一蹶不振；而另一个是，拐个弯，重新再来。

大三的时候，我开始去找各种实习机会，从游戏公司媒介到教育公司版权经纪，又从传媒公司活动策划到影视公司剧本助理……

幸运的是，那时候专业的课程不多，所以才能有机会去往各地，积攒那些人生经验，也得以见识到了不同的风景。

在北京，感受过望京地铁站洪水猛兽般的人流。

在上海，看到过清早拿着包子奔跑着的年轻人。

在横店，听过同房间的武行讲他的逐梦故事。

……

这一切的一切，让我逐渐明白，关于失败这件事，我太过于苛责自己了。哪个年轻人没有受过挫呢？谁又能说自己一路走来当真一帆风顺？在反复质问为什么赢的不是自己之前，请先问问自己，为什么坚持下来的那个人不是你。

在横店跟组待过一段时间，正是因为在那里见识到了自己从未触碰过了解过的人生，后来在看尔冬升导演的《我是路人甲》时，被感动得一塌糊涂。

我终于开始醒悟，不是全世界跟我过不去，也不是我太倒霉，这一切的一切只说明一件事，我所经历得还不够多，见识得也确实太少。

后来，每次坚持不住、内心动摇的时候，总会想起在横店的那段时光。

这个世界上，有那么多在为梦想而努力的人，而自己只是摔倒一次、被翻一次白眼，就找借口退缩。

这样的我，真的很没出息。

因为自己迈进了影视行业，在行进的过程中，也逐渐确立了自己的志向，将来想要做跟这个有关的职业。

越努力越幸运，是有道理的。那段时间，我的几部小说顺利卖出了影视版权。一想到自己的作品将来有天会出现在荧幕上，特别高兴。

在我看来，这大概是给写故事的人最大的安全感了吧。

新媒体开始兴起之时，我也开始做自己的公众号了，虽然起步有些晚，但依旧很努力地在坚持。

坚持写作，坚持分享自己的观点，坚持记录自己看到的人生故事，希望能以此，来安抚或是激励那些略略有些迷茫的同龄人。

或许，成长路上难免会产生想要放弃的时刻，但每当我想要放弃写作的时候，总会想起大学上文学概论课时论及作家天赋的那一章。

虽然不能说自己有多么天赋异禀，但既然都坚持了这么多年，来路已远，为了不辜负上天赐予的那一点点禀赋，我必须咬牙坚持下去。

辜负期望的感觉不好受，辜负自己的感觉会更难过。

所以，我希望，得缘看到这篇文字的每一个小小人儿，无论什么时候，在决定放弃之前，请一定要再给自己一次机会。

我叫王宇昆。现在的我，二十出头，还算努力，希望自己一直能够保持少年时的那一点固执和努力。

最后，以这段话，作为这本书的开始：

此刻并未知晓，未来会有多好。愿你想要的都得到，得不到的都释怀。

第一章

不甘平凡，
就去奋斗

那些害怕掉队的年轻人

001

可能是因为到了一个新环境的缘故,最近有颇多机会与从未见过面的人聊天。

我在都柏林的住处门前是一个十字路口,在新生周认识的一个男生就住在另一面,与我算是对门。

因为都在商学院学习市场营销专业,所以大多时候会约着一起去上课。

记得有一回在路上,他问了我一个问题:"为什么同龄人都特别害怕'被掉队'?"

怎么理解这个"被掉队"呢?大概意思是:即使自己全力以赴地去奋斗,但依旧担心自己的速度比大多数同龄人慢。

我回答他:"虽然我不能代表同龄人这

一整个群体，但如果仅从个人的层面来讲，我想，答案是肯定的。"

以个人为例来讲，我从小学习成绩都特别优异，进入高中后，因为理科的短板，成绩一落千丈，最糟糕的时候，成绩在班级里是倒数。虽然那个年纪的焦虑和现在大不相同，可后来再回忆起那个时刻，还是心有余悸。

为了能够提升成绩，爸妈给我报了昂贵的辅导班。在辅导班，来补习的学生按照成绩被分成三六九等：好学生在的班级，被称为"拔尖班"；成绩差的学生，则被分在"进步班"。有时候，下课了，当我从"进步班"里走出来，看见"拔尖班"门口站着的同学，心里很不是滋味。那种感觉倒也不是万劫不复的难过，而是"原来我真的已经不再是优秀生"的恍然大悟。

我跟他开玩笑说："可能是因为世界上的人口太多了，想要脱颖而出或是出人头地，都很不容易。即便如此，大家也不愿意失去希望，毕竟，跟上大家的步伐很难，而停滞不前太简单了。"

我听过不少人有过这样的感慨，很多人都觉得，自己人生中最努力的时光，便是高三了。

其实不是高三结束了，人生就不需要再努力了，而是那段光阴是最能够给我们带来有关"努力"的实感时刻了。稍微逼自己一把，便多少能在下一次模拟考试中看到些起色，这种改变给大多数人带来了欣慰和安全感。

而离开校园后，这种实感就不再那么触手可及。

我读大学时有一位特别好的朋友，毕业之后进入了一家公司，为了一个项目，付出了非常多的努力与心血，最后出了成绩，却被团队里稍有资历的同事拿去邀了功，就连老板发的奖金也全都落入了那个人的口袋。到她那儿的，只有两张价值几百块钱的购物卡。

朋友跟我诉苦，她问我她是不是努力错了。我回答她，不见得，这件事情的结果本身，或许也是"努力"给我们的一种回馈吧，好让我们知道，有时候这个世界并不全是公平与友善，同时也让我们明白，有时候为了"入局"，得吃些哑巴亏。

的确是这样。有时候，不是所有的努力，都会换来一个好结果，相反，它会给你带来残酷的认知，刷新你对事物的看法。但是倘若我们不走出温室，去看、去感受那些残酷，那么，很有可能就会成为"出局者"。

再往深层一点说，我想大多数同龄人害怕的"被掉队"，并非是被同龄人远远甩在身后那么简单，而是更担心自己明明为了生活奋力前进，却走错了方向，迎来的不是阳光，而是雾霾。

002

那个男生听完我讲的话之后，意味深长地点点头，跟我说："不知道为什么，只是有时候会觉得，我身边有一部分年轻人过得太安逸了。他们没有那么重的学业压力，人际交往也单纯许多。尽管房价在不断飙升，但大部分人都会抱着'大不了就一辈子租房'的心态。"

其实，我很难评价这样的心态到底是好或是不好，因为各人有各人的活法。年轻人都有着相似的成长烦恼，只是相比之下，抱着这样心态的他们，或许会认为能过得轻松自如一些。

说起这些时，想到我的一位室友。一个女生，拿着工作签证来到了爱尔兰，这一年，她边打工边旅行，和她交谈的时候，我能真正感受到她时时刻刻都在享受自己的生活。

她说自己要来都柏林时，很多长辈都不支持她，但她还是执意踏上了这条征途。

还有一个我在新生周认识的德国女生，已经快三十岁了，毅然辞掉了薪水丰厚的工作，就连本来已经提上日程的婚礼，也选择了暂且推迟，很坚决地来到爱尔兰念博士学位。

我问她："对于一般人来说，放弃自己拥有的那些令人羡慕的东西，往往需要花很长的时间才能做到，你真的没有一丝不舍吗？"

她的回答令我印象很深刻。

她说，一开始的确会有不舍，但细想了一下，总觉得过去的自己，已经走在了一条大多数人都觉得"对"的路上。这条路和身边所有的人都拥有一样的节奏，所以她想去试试别的路。如果仍旧是"对"的，她会很开心，同时也会觉得自己很幸运；如果是错的，也不会觉得惋惜，因为只有在无数次试错后，才能找到正确的方向。

跟她们相比，我突然觉得有些惭愧。

到目前为止我走过的路，好像都是为了证明自己的选择是正确的、是对的。纵然自己的确喜欢和享受这些经历，可仔细想了想，如果让我像她们一样舍弃已经拥有的，从原本的世界中跳脱出来，我好像没有那种魄力。

为此，我反复自省，这究竟是为什么？

后来，我找到了答案。是因为，我不害怕自己"用力过度"而吃苦，而是担心自己从一开始就选错了方向。我想，大多数同龄人，多多少少会与我有着同样的心态：不想掉队，不想在老去的时候，回忆起从前，满目的无所适从。

可这到底，是人生的必然啊。

003

十六七岁，天空晴朗，课本里夹着的字条上写着喜欢的人的姓名。

二十一二岁，星空璀璨，为了表白，在操场上将一堆蜡烛摆成一颗心。

二十五六岁，车水马龙，加班结束后的公交车终于没那么拥挤了。

三十一二岁，哭哭啼啼，曾经高喊着"不婚主义"的口号，如今却已经可以快速地冲调出一瓶温度刚好的奶粉。

我们还在笑父母那一辈人过着被安排好的人生时，殊不知，大多数的我们，也慢慢活得按部就班，每一个脚步都精准地迈进前者走过的脚印里。

好不容易可以休息的时刻，也只得叹息一声"都是生活逼迫的啊"。

说实话，我不禁会想：当快要三十岁的时候，我是否有和那位德国女生一样的勇气，毅然决然地抛弃自己已经拥有的一切，去到一个陌生的地方，开始一段未知的旅程。

还是说，这些如小说般的情节，真的只会出现在荧幕里，或是粉丝百万的旅游博主的生活里？

或许人生中的"错"，真的没那么重要，重要的是，如何说服自己。有时候，大可不必害怕掉队，因为从没有人规定，哪种生活方式才是最正确的答案。

别人凭什么要帮你

001

做新媒体久了，随着粉丝的累积，会有一些广告商找上门来谈合作，无非是帮助他们做推广。因为知道做一个账号不容易，所以有的时候，我也会把这些广告商介绍给身边的朋友们。做自媒体特别辛苦，若是能偶尔接个广告，换得一份小小的收益，无论多少，都算是激励自己继续做下去的一种动力。

这是我与百万小姐的故事开始的引子，算是前情回顾，以便阅读后文时能准确理解。

那天，百万小姐突然找我聊天，没说几句，就对我进行了一番批判，我整个人一头雾水，不知道发生了什么事。

我让她冷静一下，跟我讲清楚到底是怎么回事。听她讲完后，我才明白，原来是她转载我的一篇文章时，我没有给她"双勾转载"，只给了"单勾转载"。

　　"双勾转载"和"单勾转载"有什么区别呢？区别是："单勾转载"会在文章的底部保留原作者的版权信息，而"双勾"则不会出现这种情况。

　　她特别气愤地说："你肯定是故意的。"

　　我很不解，因为一直以来，我的原则就是，但凡请求转载的文章，我只开"单勾"。

　　本着解决问题的态度，我特意去看了一下那篇文章，是一篇广告软文。文章是我写的，百万小姐获得转载权利之后，只简单修改了一些语句，重新拼凑了一下，最终打上了自己原创的标识。百万小姐原本以为这样可以蒙混过关，没想到的是，当她完成前面那些操作，发布文章后，底部却出现了原作者，也就是我的信息。

　　我这才明白，百万小姐冲我发火的根本原因是她本想对别人的文章进行简单修改，再打上自己原创的旗号发布出去，结果并未得逞，难怪她会为此大光其火。

002

　　面对她的指责，我解释道："首先，我一向都只开'单勾'，并不是针对你个人；其次，我是原作者，可你却想把别人的劳动果实变成自己的，甚至还加上了原创的标识，这种做法本身就是不对的。"

可百万小姐全然不听，继续朝我发泄她的不满，还不时地吐出脏话。

说实话，这和我之前认识的百万小姐完全不同。

从前的百万小姐，是个彬彬有礼的姑娘。然而此刻，她狂躁异常，甚至完全不讲道理，这让我非常吃惊。

我告诉她："我必须告诉你，你之所以能接到这个广告，是我向广告商推荐了你。"

微信那头，愤怒的百万小姐一下子安静了下来。她没有再回复我，一时间，两人都沉默了。

过了一会儿，百万小姐向我道了歉，说自己沟通不当，希望我能谅解。

很多人在这种时刻，可能都会顺着这个台阶走下来，这样两个人都不至于太尴尬，或许还能和好如初，但我没有这样做。

因为我原本认识的那个大方得体、高情商的百万小姐，和现在这个歇斯底里的姑娘，完全不是一个人。

003

我与百万小姐两个人都是做新媒体的，且是同一个领域，因此结识。那时候，她刚刚起步，我经常会把自己的一些经验和资源分享给她。

有时候，一个人打拼往往是孤单的，如果在这个过程中，能找到一个相互督促的小伙伴，是一件非常难得的事情，最起码在努力的过程中，能够有一个可以交流想法的人。

　　百万小姐之所以叫"百万小姐"，是她"年收入百万"的标签给我留下了非常深刻的印象。

　　百万小姐有一个小小的特点，喜欢标榜自己的成就。认识没多久的时候，我们在线下有过一次聚会，第一次见面，她就把自己如何做到年薪百万的事，仔仔细细给我讲了一个晚上。

　　百万小姐原本是做电商直播的，通过做直播模特赚取活动佣金，解决了自己在英国留学的学费和生活开支。对于她的经历，我特别崇拜，有时候会觉得，或许这才是真正的女神吧：长相姣好，又有创作才能，最重要的是，还有着独立的灵魂和超强的赚钱能力。

　　可相处的时间长了，难免会对这种无时无刻不在炫耀自己的行为感到疲倦。而百万小姐似乎有着一种很神奇的能力，无论是在网上跟她聊天，还是现实中聚会，她总能悄无声息地把话题转向自己，转到自己是如何取得这些傲人成绩的话题上。

　　虽然不适，但我也跟自己说，即便再优秀的人，也会有自己的缺点，有时候，他们这样做，往往是因为把你当成自己的亲密朋友。

　　更何况这个世界上，任何两个陌生人能够走到一起成为好朋友，本就是一件非常值得珍惜的事情。

　　抱着这样的心态，我非常珍惜与百万小姐的这段友谊。

百万小姐是一个非常爱发问的姑娘，有的时候，我会陪着她钻研新媒体的问题到很晚，面对她提出的要求，我也总是会倾尽所有，全力相助。看着身边的小伙伴在自己的帮助下了解一件事、快速成长，是一件很幸福的事情，这样的帮助或许微小，但也蕴含着一点情分。

后来，百万小姐的事业做得越来越好，甚至超越了我，我也打心底为她感到高兴。

可从某个我未察觉到的分界点开始，百万小姐真正的面孔开始暴露了。

那段时间后台的数据不好，我请她帮我介绍过一些营销推广方面的资源，但百万小姐的态度总是敷衍了事，很多本来约定好的事情，都未得到过她的回复。

这样的情况出现一两次时，我会觉得，可能她是真的很忙，没有时间顾及我，但发生的次数多了，就会不自觉多想，到底是她忙，还是根本没有把这些事情放在心上？

或许是自己太敏感了，我常常会想，站在朋友的层面上，我看重百万小姐的程度，要远远超过她看重我。

事实是，友情的裂痕往往也是因为这些细微而琐碎的事情而产生的。

后来没过多久，就发生了前面的那次争吵。让我不解的，不是百万小姐为什么会生气，而是她本身做错了事情，为什么视而不见？

那些曾经的罅隙不断扩大，小的情绪被一点点积累，终于有一天，我和百万小姐的相处让自己身心疲惫。

那天晚上，与百万小姐争吵后，我最终还是接受了她的道歉。让我回心转意的是，大家能够平心静气地把原本纠缠不清的误会给理清楚了，但我还是想得太简单了，当第二天给百万小姐发信息的时候，我发现对方在好友名单中已经删除了我。

那一刻，我体会到了心寒是一种什么感觉。

005

曾看过这样一句话："与人相处，帮你是情分，不帮你是本分。"

如果总是把自己置于世界的中央，总觉得别人给予自己的帮助是理所当然的，这样的人或许会在别人的帮助下爬到一个高点，但也可能因为大家的摒弃与厌恶，从高处重重摔下。

我经常在不同的社交平台，收到各种各样的求助——"可不可以帮我改一下这篇我刚刚写好的小说？""可不可以送我一本你出的新书？""可不可以做我的导游，带我在厦门游玩几天？"

这些请求全都来自陌生人，大多时候他们都会这样直白地说出自己的要求，让你觉得自己生来就是为他们服务的。

没错，向别人请求帮助，可能只需要花几秒钟的时间。但他们可能不曾想过，对方在给予帮助的时候，会花费很多的时间和精力。

我不是在建议每一个人都应该将自己封闭起来，也不是主张不要给那些素未谋面的人提供帮助，而是希望，每一个有自我行动能力的人，不要到最后都变成了精致的利己主义者。

"帮你是情分，不帮你是本分"这句话固然有一些冷漠，但它却在提醒我，要去做一个懂得感恩、知道回报，愿意站在对方角度去思考问题的人。

百万小姐固然很优秀，但或许，这样的朋友，注定是我人生中的一个过客。

要学会面对落差

001

我觉得自己太窝囊，太不像个男子汉了。

为什么呢？

在抵达都柏林的第四天早上，吃完早餐，我回到自己的房间里，躺在床上开始回复微信上的消息。

一瞬间，不知所措的，我哭了。

当然了，也不是那种号啕大哭，就是没有征兆地突然流泪了。

原因你肯定想不到，只因为我早起做早饭的时候，房东一家还在熟睡，我蹑手蹑脚像个贼似的，锅不小心碰到灶台的声音，碗筷撞到洗手池的声音，随意清脆的一响，就足够让我感到心惊。

没办法，寄人篱下，又是初来乍到，担心一点小事叨扰到人家。

其实这也根本无法称得上是"生活不易"，因为我清楚地知道，难挨的事情还在后面。

只是不知道体内到底蜗居了一种什么样的情绪，会在那一刻哭出来。大抵是觉得自己本不应该这样生活，预想中的留学生活，不是这番模样，不需要像此时此刻一样畏畏缩缩地过活。

002

都柏林的房子隔音效果都很差，一丁点儿声响就会被听见。我租住的房间窗户外经常有一帮讨厌的小孩，发出刺耳的噪音，一连几个小时都吵吵闹闹的，就算关紧了窗户也起不到什么作用，而我也没有其他地方可以去。

这里的店铺上午十一二点才会开门，晚上六点左右关门。一入夜，整个城市除了酒吧还在营业，只剩下几家中餐馆，这一切跟我预想的留学生活完全不一样。

房东的女儿跟我聊天，说大部分人对于真实的留学生活都存在误解与偏见，很多人都认为留学只是有钱人才可以做到的事情，也认为国外的生活肯定绚烂多彩。

其实就连我在内，也被许多"留学博主"营造的生活欺骗了，那种刻意营造的精致主义，虚幻浮夸的生活景象，在你用不熟练的英语去买大包小包的日用品时，全被撞碎了。

是围城，里外的人各自看不清楚。现在我是踏入这座围城的万千一客，开始在幻想与现实的落差之中游走，这便是属于全世界的"生活在别处"。

朋友劝我，这是留学生刚出国时必经的心路历程，不必太焦虑。我给父母发了几条简短的微信，汇报状况，说自己平安无事，再接着把住处的模样拍成了一个小视频发过去，伪装出一切都特别不错的样子，言下之意是："好了，从现在开始，你们不必牵挂着我了。"

这大概是所有出门在外的游子都有的技能：我过得特别好，你们放一百个心。可实际上过得好不好，也只有自己知道。

我感到失望了吗？除了七个小时的时差让我无法和国内随时及时地联系，也不至于到一蹶不振的地步，只是我一肚子话想要抱怨的时候，打开微信，却忽然意识到想要倾诉的人现在应该熟睡在梦乡，这么晚打扰人家实在不好，可第二天醒来后，倾诉的欲望早就不知道去了哪里。

这是我必须一点点去习惯、去适应的，说实话，倒不是想家，只是一次又一次地开始自我怀疑，我开始思考，假若我像所有普通的大学生一样，毕业了再去读个研究生，又或者是找一份工作，早早开始职业生涯，现在的我会过着怎样的生活呢？

003

肯定跟现在不一样。

这就是人生的选择,选择让你一身行囊,空中飞行八千多公里,来到异国他乡。选择让你无法撤回,只能接受。

暂且把它看作是为了跳出舒适圈付出的代价吧,这样想,会不会稍微有一些成就感,觉得自己是在做某件超越自我的事情?

说白了,我们总是太渴望一眼看到底了,我们都变得越来越贪婪,总想一口吃成个大胖子,可做什么事都需要付出时间成本,才能换得一个机会。

得到自己想要的东西,不是从一个岸边跳跃到另一个岸边那么简单。岸与岸之间,横亘着万丈深渊,藏匿着刀山火海,但既然都走到这里了,总不能回头吧,勇敢地一跃,说不定还能跳过去呢。

只是,很重要的一点是,我们必须习惯去接受生活里接踵而至的落差。

004

我在微博里写过这样一段话:

比起失败带来的冲击,更令人难过的常常是失败带来的那种"落差感"。

原以为对自己有好感的异性、本可以考进的那所大学、本能够争取到的机会或者成就,可现实总是在期望值达到顶峰的时候,螺旋向下,留人们在大片的失落跟自责里,既回不到起点也舍不得中途放弃。

能有什么办法呢?再微妙的落差也会在心底掷地有声,生活逼着我必须接受这些。可我仍愿意满怀希望。夸张也好，痴心也罢，期盼着恰好也喜欢自己的恋人，期盼着取得理想的成就，期待着我等的那几十秒红灯，那几分钟烧开的热水，那就要结束的输液瓶，都刚好有人懂我的孤独。

因为，这是我拼尽全力去生活，被打败也要重新爬起来的理由啊。

所以，难过一会儿，就重新收拾收拾上路吧，生活的每一分每一秒都是在接受某种"信息差"，接受"预想"与"现实"之间赤裸的距离。

也正是因为这些"差异"，才让我们惊觉这个世界不是童话王国，既然上了路，好的坏的都必须照单全收。

这么想想，我也算是个很接地气的人了吧。

我没有告诉你，留学生活是多么的光鲜亮丽，有营养又充满活力的早午餐，一次下午茶都能让人觉得岁月静好，热闹非凡的派对，而是偷偷地跟你说，其实现在的我也有点无所适从，这里没有快捷的支付软件，不能点外卖不能网购，稍稍犯懒就可能没饭吃。

这才是生活的本来面目吧，那些被展现出来的却往往最不能带来实际感。

当然，也不能以偏概全，拿着自己此刻的不安去否定其他人的感受。我只是想说，一切事情的开始都没那么简单，当你觉得这个选项完美无瑕的时候，同时也要做好准备，去接受这道题最终不得分的结局。

我能告诉你的是，人生不会永无止境地下坠，总有一天它会触底反弹。

秉持着这种信念去前进吧，哪怕是踽踽前行，也不至于感到那么无力。

迷茫的时候，无解的时候，想想在地球的另一端，有一个人，因为蹑手蹑脚地做了一次早餐而流过泪呢。虽然很没出息，但到底在流泪之后，还在为自己想要的生活而努力。

未来很好，值得奋斗

001

我很爱看别人的背影。

之前我和爸妈在胡志明市旅行时，晚上沿着西贡河回酒店。他们走累了，就坐在河边的石椅上，我在他们身后多停留了几秒，看着他们的背影在西贡河昏黄的灯光下平凡而又宁静。

一群人出去玩时，我时常会跟在大队伍的后面，看前面的人谈笑打闹，如果有合影的环节，站在角落里的那个人，一定是我。

和约会对象一起散步或是走在路上的时候，会忍不住刻意放慢步伐，只为了看一看对方的后脑勺，看对方变成视野和城市风景的中心点。

就算独处时，我也会想要爬去较高处，总觉得万家灯火就像是一个城市的背影。

一直以来，我都习惯做个沉默的观赏者，看着行人的背影时，能察觉到安全感附着在心头。

刷 Instagram 的时候，看到当初在爱尔兰念书时认识的很多朋友都已经步入了婚姻的殿堂。在英语里有个词叫"settle down"，在汉语里是"定下来"的意思。照片中那些曾经还摇曳于尘世欢场的人，竟也开始晒出了和伴侣新搬进的公寓，共同养育着一只猫，看电视的时候脚会靠在一起的画面。

一位朋友，因为喜欢的人在东京，于是离开了伦敦，去自己喜欢的人的城市工作，最终在任教期结束后，回伦敦了。

我问他："有再见到对方吗？"他说："在人海中寻觅一颗心消弭的痕迹要比找一枚落地的针更难。"

跟自己差不多时候入职的同事，竟然已经在筹备婚礼了。在茶水间倒咖啡的时候，听见她聊起布置婚礼的事情，那一瞬，能感觉到她周围有幸福的光晕。

身边的人也一样，表哥有了自己的女儿，从此人生中多了"爸爸"这个角色。他拜托我给小宝贝取名字，在他给出的所有选择里，我最喜欢"安余"这个名字。"余"在古汉语中有指示代词的意思，可以指自己、我，大概寓意是，希望她可以成长为一个"安于自我"的人。

002

安余，安于自我，更准确地说，是从自我中找到安全感、满足感。

这是一件很难的事情，我不确定现在的自己是否做到，哪怕只是一点。

看美剧《欲望都市》的时候，总能在主人公的身上看到那种"飘离"和"摇曳"感。九十年代的曼哈顿和现在的上海很像，许多涉世未深的年轻人在浮躁和伪装之间寻找证明"我是与众不同的"的证据，他们在尘世中飘舞，深夜在租来的公寓里煮一碗泡面，在周末的酒吧中聊转眼就忘的八卦。

看剧其实也是在看自己。

记得刚来上海时，我和朋友去陆家嘴看最高的三栋建筑。那时候才意识到，我工作的地点距离市中心非常遥远，离自己想要的生活也非常遥远。

年少时，我渴望做一个一辈子都在漂泊的人。可能有些人会嘲笑我竟然会有这样的想法，但至少到今天为止，我仍然怀揣着这个梦想。

也因此，读书与工作时，但凡有假期，我都会买一张机票，只为了去看看外面的世界。最终，在不同国家的见闻与经历，都成为笔下的故事。

同时，在这个过程中，发现自己可以接纳下更多类型的人和事物、观念和风景了。

成长历程中，总需要有这样的一段时间，像是温柔的缓冲，经由它之后，人生才一往直前。

就如泥石随风、随雨水而下，赴前，形成冲积平原，冲积平原土壤肥沃，最后，开始滋养万物。

我想，现在的自己，大概就是那泥沙俱下、沉着向前的过程。

进入职场之后，最大的感受就是，从前觉得遥不可及甚至担心自己做不好的那些事情，竟然也能够轻松应对。只是真忙碌起来的时候，很少会端着一杯咖啡或是茶水在天台晒太阳了，有时甚至还需要贡献出自己的午休时间。

因为工作的关系，有时在下班回家的路上，可能都会有突发状况。那时候人可能在地铁里、马路上，但都必须第一时间开始处理紧急的工作问题。在那里停留的二十多分钟，迅速打开电脑，沟通完一切事情。路人的侧目对于此刻的我而言，不算什么，只有我自己知道，在按下回车键的刹那，会觉得自己就是一个英雄，好像按下的回车键，可以阻拦北冰洋的一只海豚因为全球变暖而失去性命。

或许有些人会为这样的突发状况而抓狂，但就我而言，到目前为止，对职场生活还算满意。是因为觉得自己足够努力，渐渐不再畏惧任何挑战，而这些自我的变化是肉眼可见的。人生处于精进状态，当然值得欣喜，没什么可抱怨且不满的。

于是也就习惯了随时可能需要加班的状态，即便到了周末，也要预留出时间以防需要处理特殊事件。甚至在新年伊始的时候，许下心愿，祈祷新的一年可以被工作碾压。

你可能会觉得我是个工作狂，但其实不是，说句不着调的话，双鱼座哪里可能会存在工作狂？或许会有，但我不是。

而工作却带给我前所未有的安全感。不必依附于他人，就能轻易获得安全感，确是一件美事。同时，看着自己逐渐成长起来，也愈发明白一件事，爱他人前，先要爱自己。

004

在我的认知里，爱自己这个庞大议题的内容之一，就是享受自己的生活，学会独处。

在意识到这些之后，我开始习惯了白天上班，也习惯了晚上回到家见缝插针地赶稿。深夜坐在电脑前，钢琴曲的声音，加湿器运作发出的声音，手指敲打键盘的声音，熏香蜡烛缓缓散发出香气，这一切的细节，都是为美好未来而努力的最好证明。

也开始习惯在黄昏时，透过飘窗看外面的街道，车流穿梭。嗅着一旁的花瓶里百合花散出香气，觉得"万家灯火"是一个又孤独又美好的词语。

可并不觉得孤独，心中也只一个想法——未来很好啊，值得我们为它努力奋斗。

失群的 Amanda

001

  Amanda 以为自己是胜券在握了，在面试过后的第二天，一个周三的下午，悄悄发消息给自己认识的那个人力资源部的人，对方说部门的总监挺喜欢她的，如果不出意外，签完字后下周就可以发入职通知了。

  Amanda 在微信的这头小小欢腾了一下。尽管网恋的男友在第三次约会后明确告知了她，两个人之间不可能，但找到新工作这件事足够让她这灰暗的一个月明亮起来。

  对方给了她目标薪资范围内的待遇，在退出微信前，她还有点后悔，当初应该把薪资范围的下限填写得再高一些的。晚上，她约了自己的小姐妹一起出去吃牛蛙，这也是她自从离职以来，除了面试，第一次好好打扮打扮出门。

现在想想，大概多亏了我在她那条加了浓厚滤镜的"吃蛙"朋友圈消息下的赞，才知道原来这平淡如水的生活也有汹涌的瞬间。

点赞半个小时后，前同事找我聊天，我才得知了 Amanda 上周五正式离职的消息。

"为什么啊，老板不是很喜欢她吗？"

我在微信这端诧异，据我了解，老板对 Amanda 的工作能力是赞赏有加的：策划案写得很漂亮，连页眉页脚都精心修饰过；非常懂讨老板欢心，每次团队下午茶总是抢先把老板点的那份奶茶或者咖啡送去办公室。

"老板也不傻好吗？能力这种东西，时间久了，大家都能看到的。"同事说道。

我从同事的只言片语中试图拼凑起这事件的根本原因，大概是因为老板想要将 Amanda 调岗到其他城市，Amanda 不答应，原以为提出离职就能让老板回心转意，不料弄巧成拙，老板不仅没有放弃调派Amanda 的决策，同时也应允了她辞职的决定。

Amanda 走的那天，发了一条类似"终于解放了"的朋友圈消息，所有同事可见，唯独屏蔽了老板。没有人知道她的用意是什么，大家也懒得去猜，只是默默看着她在工作群里简单告别后、安静地退群离场。

Amanda 心里明白，她离场的那一刻，这世界上有一群人在庆祝。

我刚进公司的时候，Amanda 的热情给我留下了很深的印象。我的电脑无法正常使用，她主动跑去技术部门那边帮我想解决办法；拖着凳子过来跟我讲这讲那，交代在公司里应该注意的问题。

那时候我刚入职，Amanda 带着我做一些项目，她像个小导师似的，分配我做这个做那个，帮我指出每项工作里需要特别注意的小细节。我多少是怀着一些感动的心情的，毕竟在职场里，彼此陌生，很少有一个人愿意这样带你。

然而，这种好感没有维持多久，它伴随着一些让人费解的事情而逐渐瓦解。

比如，Amanda 会把自己不愿意做的工作以老板的名义推给我；比如，Amanda 会成功套出我的税前工资，扬言要帮我向老板申请加工资；又比如，她总是吹嘘自己过往的留学经历，会多国语言，可实际上，连基本的英语单词都拼不好。

在一次发布会的现场，公司团队的成员前去布置会场、进行彩排。大家都是两两组队合作，唯独 Amanda 独自一人在那里忙活。处理完手上的工作后，我想要过去帮 Amanda 整理一下物料，闲聊的时候得知她曾经在某大型外企工作过，拥有令人艳羡的工作经历。她一边整理着物料，一边讲着自己的宏图大志，说自己辞职时已经是经理职位的备用人选了。

她问我一些留学的生活，转而回忆起自己留学时常去的一个酒吧，说那才是她真正向往的自由。

Amanda 有着不错的表达能力，如果只是第一次见面，这个姑娘的确会让人觉得她有两把刷子。我想，正是因为她具备了不错的表达能力，所以每次项目会议上，Amanda 总能收获老板欣慰的笑容。

那时候，我还不明白，原来和 Amanda 走得太近，是一件很危险的事情。

003

Amanda 其实不胖，却总是在减肥。午饭不吃，一个人沿着楼梯下去，和团队里往餐厅走去的人们相背而行。

原以为是个为减肥而坚持不懈的人，后来发现那个落寞的背影其实另有隐情。

"啊，我以为你们两个关系很好呢，看她总是往你那边跑。"

"她经常拿老板压别人，把自己的工作推给别人做，做好了功劳归她自己，做不好就是别人的锅。"

"你真是傻白甜哦，她问你工资，你就老老实实说了，你不知道薪水都是个人隐私，要对其他人保密的吗？她以为她是谁哦，她不过是个刚入职半年多的普通员工，还帮你申请加工资？"

"哈哈哈哈，她那些留学故事，我都听了八百遍了，去日本待了两个月，也算留学了？厉害厉害。"

当饭桌上一句句像是谜底的话朝我抛来时，我才意识到，在这里，Amanda 是不被大家待见的存在。准确地说，我和 Amanda 的热络，让大家也渐渐与我保持了距离。

在听到有关 Amanda 的那些往事和八卦时，我忽然觉得有点庆幸，庆幸自己及时在羊群中发现了失群的那一只，从而让自己与其他同类保持了安全的距离。但当我吃完饭看到 Amanda 趴在桌子上的背影时，又感到了一丝悲伤，因为在我看到那只失群的同类时，下意识地选择了拉开与对方的距离，从而让自己不掉队，保证安全。

后来某一次下楼去便利店买咖啡的间隙，我看到 Amanda 一个人坐在窗户前啃着饭团。

我问她："今天没有减肥啊？"

她摇摇头。

我又问她："那你怎么不跟大家一起去餐厅吃啊？"

她沉默几秒，不缓不慢地告诉我："啊，我嫌餐厅的菜太油了，不好吃。"

004

"你要小心啊，不要让她觉得你是个软柿子，这样你就遭殃了。"

某位同事的善意提醒，让我逐渐对 Amanda 心生防备。那些有关她的不好的历史往往都是听过就罢，直到某天，老板忽然找到我，说是希望将我和 Amanda 的工作内容进行调换。也恰好是因为这件事，我才听说她一直在散布"我特别想做她负责的工作内容"的信息。

因为老板的喜爱，加上她丰富的"表达能力"，老板很快有了决策。

也是因为这件事，让我对她残存的最后一丝好感彻底瓦解。

我开始像羊群中的其他同类一样，与她保持遥远的距离，但表面上仍旧维系着平静。不知道从哪一刻开始，当我和同事们吃完饭回来，看到她落寞的身影时，内心已经不再有任何波澜。

甚至，我还会加入一些茶余饭后的议论之中，得知原来 Amanda 口中非凡的工作经历——差点要升任经理，不过都是她的谎言，实际上她是被前公司辞退的。具体原因无人知晓，但大家似乎都不约而同地理解为"她的伪装被识破，自然也无法再继续待下去"。

几个曾经被她"挪用"过工作成果的同事说，Amanda 的工资是同等级别中最高的。当一个人的能力和薪资不成正比时，自然会受到他人的不解和质疑。

但这种"不成正比"之所以成立，正是因为"老板的认可"。也正是因为这一原因，当我得知老板对于 Amanda 提出离职却没有任何挽留时，内心无比惊讶。

"你走后的几个项目，策划案很漂亮，但落地的效果很尴尬，老板也有所察觉。而这时候恰好有另一个同事的策划和执行做得很漂亮，所以对比很明显。"

同事给我的这番回复，才让我彻底明白 Amanda 离开的原因。

"老板其实很清楚大家对于 Amanda 的看法，只不过他一直在给 Amanda 机会。这个世界就是这样，一次又一次机会你都没有抓住，就算你再会粉饰再巧舌如簧，最终是要被放弃的。"

不知道为什么，当我知道这个原因后，内心没有任何其他的情绪，反倒像一个旁观者一样，只剩下平静。

或许，离开的 Amanda，就像一面镜子，某种程度上，我也在试图通过这面镜子照见自己。

005

胜券在握的 Amanda 离职后，最终并没有收到那家公司的入职通知。

因为在决定录用新员工之前，公司会对员工进行适当的背景调查，而做背景调查的那位同事，恰好就是 Amanda 离职前的那家公司里的某位同事的朋友。

Amanda 的新简历迅速在前同事之间传阅开来，大家纷纷惊叹于 Amanda 的表达能力和总结能力，原本属于其他人的项目成果，在这份漂亮的简历里，都变成了 Amanda 一人的功劳。

这其中也包括我的。

当看到自己竭尽全力在做的两个项目，变成了"由 Amanda 一人策划监制"时，我在手机屏幕前禁不住笑了一声。

那个瞬间，也不知道自己究竟是因为什么而发笑。是因为 Amanda 这个人，还是因为这种荒唐的事竟然也会发生在我的生活里呢？

这份简历背后藏匿的真相，最终让那封决定发出的入职通知被收了回去。Amanda 怎么也搞不清楚这其中的原因，因为在她看来，那位人事朋友说的"组织架构临时调整，这个岗位被拿掉了"不过是一个用来粉饰真相的理由。

想到这里，内心忽然间涌出一些感叹。

这个世界上，很多事情是被谎言包裹着的。当撕开谎言的包装，发现真相时，人生的本质会像刮刮乐纸片上被隐藏的秘密，灰色粉末被刮走飘散后，最终浮出。

那些卓越又令人赞叹的过往和历史，如若没有真实的地基，即便是一场温润的细雨，或是轻柔的微风，也足够将其震荡得支离破碎。

那份简历，我悄悄地下载了，保存在我的电脑里。尽管我没有再去打开它，却也没有想过删除它。或许也正像那位短暂在我的记忆中停留过的 Amanda 一样，成为我职业生涯甚至是我人生的一面镜子。

透过这面镜子，我希望自己看到的是一个踏实认真、真正用努力和勤勉去赢得青睐和掌声的灵魂。

人生里那些弥足珍贵的瞬间

001

那天下班，路过家门口的公交车车站时，看到一位女士气喘吁吁地跑了一路，在她停下来双手叉腰大喘气的时候，一位从公交车上下来穿着校服的小姑娘，大喊了一声"老妈"，那位女士听到后立刻直起身子。

我看见她张开双臂，对着小姑娘回应了一声："宝贝，对不起啊，妈妈减肥课下课晚了。"

我能感觉到她是真的很累，可接着，我看见了这个秋天最令人感到幸福的时刻。

那位扎着马尾的小姑娘也张开双臂，带着比黄昏还要美好的微笑，朝着不远处同样张开怀抱的妈妈跑去。她们在匆忙的人流中拥抱在了一起，然后瞬间迸发出了足以抵挡所有秋季寒冷的温暖。

我刚刚给爸妈打完电话，讨论过年出去旅行的行程安排。不知道为什么，挂断电话后偶遇的这一幕，平凡却充满力量，仿佛亲手触碰到了相隔千里的爱与温柔。我偷偷停下来，又看了她们几秒。

看着那对母女笑，我也跟着笑。

刚刚送走炎热，还未迎来刺骨的寒冷。秋天的一切仿佛都卡在刚刚好的节点，我穿着不算单薄也不算厚重的外套，每天与很多陌生而有趣的灵魂擦肩而过。

002

可能是一个人在外面生活的缘故，我总是独行，偏爱留意一个人行进时周遭的人或事。

依旧是某个周末，坐地铁回家时，站在前面的一对小情侣不知道为了什么吵得不可开交。因为同路，我就一路看女孩埋怨男孩，男孩哄女孩；女孩甩开男孩，男孩干脆大步向前。

是所有恋爱中的人都会有的经历吧，所以没什么值得稀奇的。

后来在一个十字路口，我和这对小情侣走散，但没想到，我从便利店买完沙拉，出门竟然又看到了他俩。不同的是，两个人已经和好了，女孩挽着男孩的手，男孩抬手揉了揉女孩的头。

我的头顶缓慢地冒出三个问号——这和好得也太快了吧？

彼时刚入夏季，我还没有恋爱，看着他们由争吵转瞬和好，心里觉得这真的是属于夏天最美好的时刻。

没什么特别的理由,细微、琐碎,但回忆起来,是带着幸福气味的每一秒。

003

春天的事情,我已经记不大清了,大概是去年冬天回国,开始重新适应回国后的生活节奏,之后参加校招,找到工作,正式步入职场。

一切都好快,转眼间距离离开都柏林的那个秋末,已经过去了一年的时间。

这一年里,我总在不停地温习功课,和解数学方程式不同的是,我很难在繁复运算后得到准确的答案,只是在反复习得一种感悟,那就是我在不知不觉的时间流逝中,完成了人生角色的转变。

中秋节时,我加班没有休息,要去上海郊区拍摄新品的电视广告影片。那天晚上收工的时候,已经是凌晨一点了,我告别了导演、制片、广告公司一行人,打车跨越大半个上海回家。透过车窗,我看到月亮悬在空中,特别明亮,特别圆。那一刻,我觉得自己无比热爱现在从事的工作,因为每一次的付出都是新鲜的尝试,都会获得一些前所未有的经验。

同时,又遇到了不错的对象,工作顺利,身体健康,一切都很好。

在回家的路上,我觉得回国后的这一年,是很欢喜的一年。而那些我曾认为的障碍和荆棘，也都跨过来了。

004

现在再去回忆那些瞬间，才逐渐明白很多事。

其实啊，我们人生中存在的某个瞬间，让我们满足于当下，那就足够了。在那个当下，我们感知到幸福，无论是来自自己，还是陌生人。在那个时候，我们感到充实，不去想未来安危或事事汹涌。

长大意味着要不停奔跑，或许不像风的速度那么快，但停下来是一件很奢侈的事。也因此，才会愈发觉得那些"瞬间"弥足珍贵，它能够让体察过万千纷繁情绪后的我们，仍能沉寂下来，停留在那个当下，去感恩，去感受。

现在回忆起在都柏林念书的那一年，奢侈而珍贵，因为那些岁月就是被这些我所谓的"弥足珍贵"的瞬间堆砌而成的。

到现在为止，我都无法找到任何一段岁月，能够代替欧洲那一年于我人生中的意义和价值。它带着一些启蒙色彩，也让我学会告别。

写下这些文字时的我，已经完全适应了从学生到职场工作者的转变，我在努力和岁月抗争，不希望成熟与成长消磨掉我内心的那些火热与浪漫。

或许没有了太多自由的时间去流浪与游历，但在两点一线的生活中，在高楼大厦的格子间里，在漂泊不定的出租房里，依旧希望自己可以永远怀揣着希望和勇气，去拥抱更广阔的世界。

回国满一年的日子，对于我而言是充满仪式感的一天。或许不少同龄人已经在人生路上超越了我很多，但在欧洲留学一年，加上回国一年的经历，我已经有了新的人生领悟。

　　速度很重要，但也没那么重要。更值得在乎的是，你我始终在不断缩短与终点之间的距离。

赚钱对年轻人到底意味着什么

001

记忆很深刻的一件事情。

当时读大一，跟我妈聊天的时候，不知道怎么就聊到了钱的话题上，我跟她说自己要在大学期间赚二十万块钱。

我妈当即说你就吹吧，她问我做什么能赚二十万？

"我写作啊，发表文章啊，写书啊。"

我妈鼓励了我几句，说她等着那天，然后就去厨房做饭了。我能体会到，那时她嘴上的鼓励，也真的仅仅是一句鼓励的话。我想她不是不愿意相信，而是没把这件事的可能性放在心上。

好像就是因为这件事情，我还义愤填膺

地写了篇文章，发在我的微信公众号上，立下誓言，我一定要在大学四年内赚二十万。

一转眼，到了快要毕业的时刻。

是怎么想起还有二十万这件事的呢？某天跟我妈通电话，她问我有没有钱花，需不需要给我打点钱。

我说，不用，我穷得只剩下钱了。

她在电话那头咯咯地笑，然后"趁火打劫"，说那你帮我把我看上了的包包买了好不好。

她总是这样，每次故意等着我把牛吹完，再给我挖个坑。

这样的对话场景，重复很多次了，虽然知道我妈是在故意开玩笑，我也并未给她买过几个包，但我明显察觉到，她的言语中不再是当初的不以为然，而是多了些欣慰和骄傲。

002

小时候，每次我犯浑，爸妈就会说，我们养你到十八岁就不管了，也不给你钱花，让你自生自灭去。每次他们这么说的时候，理论一套一套的，说美国家长都是这样的。

前几天看了一部美剧 *Girls*，第一季的开头，父母就决定不再支持自己的女儿，断掉一切物质上的帮助，让她一个人在纽约靠自己的力量生活下去。

女主角是一个作家，她的母亲说，之所以这样做，是为了能让她写出更好的作品。

好像的确是这样，人在没钱的时候，往往更能感受到生活的酸甜苦辣，这不仅对于创作者，对于每一个处于成长期的年轻人，都是非常重要的。

然而，事实是，十八岁那年，我的父母并没有断掉对我的物质供应，他们仍旧每个月按时给我打来生活费。

直到有一天，我决定主动跟他们提出，我不想再要他们的钱了。

这个决定，意味着从那一刻开始，我须要经济独立，须要一个人来承担自己的生活。

现在回过头看，发现自己经济独立已经有几年的时间了。

在一个人努力赚钱、努力生活的这些日子里，我再没有像从前那样的纠结——不知道该如何在电话里委婉暗示爸妈我没有生活费了，也再没有因为看中某样东西而犹豫要不要买，到头来却发现自己账户里的余额不够。

其实这并没有什么值得骄傲的，身边有很多同龄人，甚至比我更早一步实现了财务自由，靠着自己的努力也过得很好。

之所以想要分享，是因为，这四年中我的金钱观念和对资金的支配方式的改变，对我的成长有着至关重要的影响。

我想，无论对谁，这件事情都是有价值的。

我赚到的人生第一桶金是六千多块。

当时读高三，参加完新概念作文大赛，有很多出版商过来找我约稿，说他们要组稿出版文集，需求量巨大。而我的电脑里，存储着之前各种练习的、发表的或是写了一半的稿子，于是就把这些稿子修修补补，交付出版方。

忘记了具体有多少字，只记得半年后的某一天，这些文字就变成了躺在我银行账户里的六千多块钱。

虽然在这之前，在杂志上发表过不少的文章，也零零散散收到一些稿费，但是通过自己的能力获得报酬的真切感觉，都不如这次来得强烈。

也是那一次，我发现，原来通过写作，真的可以赚来一笔在当时对于自己而言数额不小的钱。

那会儿我还没有自己的银行卡，就用我妈的身份证办了一张银行卡，把写作赚来的零零碎碎的钱，全部存进这张卡里。

文章被转载收到的几十块钱稿费，发表文章收到的几百块钱稿费，一点点都在那张卡里积攒着。

那时候视这笔钱如同珍宝，舍不得花，觉得这笔钱比世界上任何东西都珍贵，因为记录了自己琐碎的努力。

后来，家里出了点事情，我妈就把账户里的钱都取出来了，她说将来有一天会还给我。

再后来，我问她什么时候把那些钱还给我，我妈说我养你那么大，你欠我的你还得过来吗?

现在想想,真的挺幼稚的,不过仍旧是开心的,因为觉得自己有点用处了,能帮到她了,哪怕是一点点也好。

第一桶金对于我的意义,倒不是我用这笔钱买了什么东西,实现了自己的什么愿望,而是因为这笔钱,让我看到了一种希望与可能性。

当你热爱的事业、你的兴趣爱好能给你带来一些物质上的帮助时,你会更庆幸,这不仅是上天的恩赐,而且还是激励着你、督促着你去将这份得来不易的热爱坚持下去的动力。

004

通过纸媒发表文章的那几年,赚钱真的不是一件容易的事情,有时候稿子未能通过审核,会觉得特别失落。而有时候,一个月写了好几万字,最后只有一篇被选中发表出来,稿费也只有数百元而已。

但幸好没有放弃,心中明确知道一件事,写作于我而言,原本就是兴趣爱好,所以并不会在意能给我带来多少物质上的帮助,也就愿意花足够多的时间去创作,并且总结经验。

之后,又参加了一些比赛,与刚开始相比,又有那么一些人认识了我。再接着,又有了出版长篇小说的计划,于是一直努力。事实证明,努力的人是不会被辜负的,出版第一本小说的时候,虽然辗转,也有不顺,但最终还是出版了自己的第一本书。

当你拥有了一部真正属于自己的作品时,你会体会到父母的那种心境，因为你会将作品当成自己的孩子一样，去珍视，去爱惜。

出第一本书的时候，我觉得自己能够得到这个机会真的非常幸运，签出版合同是在十七岁，作品正式出版上市是在十八岁。

虽然扣完税之后，最终到手只有一万块多一点，但别提有多高兴了。我把这个消息分享给爸妈，我爸特别高兴，一下子买了一百多本书。

我用那笔钱给父母买了礼物，余下的存了起来。虽然后来赚到了比这更多的钱，但还是这一次给我的印象最为深刻。因为在我的定义中，这应该算是我的第二桶金吧，虽然数额不多，却是我对自身进步的认可。

之后，随着对出版行业的进一步了解，我发现原来当初自己赚的这笔钱和为之付出的努力程度并不成正比，换句话说，只是赚了一个辛苦费，但仍旧不后悔，它开启了我对于自己能力的另一种认知，在一定程度上让我拥有了成就感。

005

后来，又陆续出了一些书，有的卖掉了影视版权、有声版权，还参加过一些活动和通告，再接着就是开始做自媒体了。这几年，也陆续赚了一些钱。

记得有次收到报酬时，我特别高兴，立刻给我爸买了块名牌表，给我妈买了个名牌包。

当看到他们喜悦的表情时，刹那间觉得自己之前付出的努力都值了。

临近大学毕业的时候，我查看了一下账户里的余额，包括理财的收益，才发现自己赚的钱，已经远远超过了当时希望达到的目标。虽然这些钱远不如一个富二代每个月的零花钱多，但我想，伸手要来的和自己亲手赚来的，是两个概念。

年少不懂事的时候，我曾羡慕过他们的生活，甚至偶尔抱怨过自己的原生家庭。但是后来几年，我发现自己认识的不少同龄人，都靠着自己的努力过得风生水起，甚至有人出身平平却拿到了百万年薪。

之前上校选课"职业生涯规划"的时候，老师邀请了一位同学在课堂上做分享。分享人是一位来自外文学院的女同学，她从大一开始做家教，了解厦门的家教市场，大三的时候成立了自己的家教工作室，而到了大四，她已经创立了一家公司。

可能很多人觉得，学习与工作无法兼顾，但她做到了，大学四年里，她拿了三次国家奖学金，绩点排名是年级的前三。在分享中，她很坦然地说了自己的出身，她来自广西的某个村子，上大学的学费都是村子里的乡亲邻居一点一点凑出来的。

这样的故事，其实并不少见，甚至有时候，主角可能就是我们自己。

这些年，越长大越明白一件事，那就是，这个世界不会嘲笑贫穷的人，只会嘲笑那些贫穷却不努力的人。赚钱多与少是可以改变的，但能靠着自己的信念与决心，去证明自己的能力，是少有人能做到的事。

曾经有个读者跟我聊天，她说自己很想出国，可是家里没有钱，提供不了出国深造的费用。

听到过很多次这样的话，但每次听到，心里还是会有些难过。

我想，或许还是自己足够幸运吧。起码当我提出想要出国读书时，父母还能在经济上给予支持。虽然他们说可以供我继续读书，但我还是拒绝了他们的好意。

我总觉得，二十多岁了，还在管父母要钱是件特别丢脸的事。

朋友说，这个年纪就是应该为自己的人生做投资的时候，当你有资格为自己下一个赌注的时候，理应用勇气笃定地放下筹码。

大学四年我确实通过赚钱为自己带来了安全感和成就感，但我想，长久地沉浸其中，只会让斗志一点点被消磨。也很庆幸，能够靠着自己的能力出国读书。

钱没了可以再赚，但人生每一次的转折点，只能选一个方向下注。

更重要的是，每一次付出与得到的过程，实际上都给了我们人生一次又一次的机会，是它允许我们更努力地去追求自己想要的人生。

先努力，后看回报

001

来爱尔兰快一个星期了，每次听房东阿姨跟我讲，这边水果、乳制品、肉类特别便宜的时候，我都有点不知该说什么好。

在我看来，这些东西一旦折合成人民币，都不便宜。跟房东阿姨聊天的时候，我说如果在这里工作，以当地的收入水平来看，确实不贵，可拿着人民币来消费，看着超市里、商场里贴着价钱的标签时，还是免不了心悸。

其实我也没有穷到什么都买不起的地步，只是出门在外，总想着能省一点是一点，如果以极低的生活成本还能活得舒舒服服，那也是很有成就感的一件事了。

在国内花钱向来大手大脚的我,一迈出国门,竟然变得如此勤俭持家:能在家做饭就在家做饭,仔细算了算买食材花的钱,真的比在外面吃现成的便宜不少;尽量不去买那些乱七八糟的零食,有一天在阿尔迪超市买了一个咖啡蛋糕,回来尝了几口发现特别难吃,可把我心疼坏了;看见好看的衣服、裤子、鞋子,会默默驻足细品,然后告诉自己,虽然衣服好看,可穿到我这样的人身上,就不好看了,这么一想就走出商店了。

说到花销,不得不又抱怨都柏林的房价了。我的学校爱尔兰都柏林圣三一学院位于市中心,为了方便通勤,我在市中心租了一个小单间,房租加上各种乱七八糟的费用,一个月的生活费将近五千块。因此,我宅得更加理直气壮、心安理得了。

怎么说呢,在国外打拼的中国人几乎没有不拼的。就拿我寄住的这一家人来说吧,房东一家三口每天都在很努力地工作,有时候还兼着一份其他工作。另一个房间租住的马来西亚小姑娘,半工半读,每天一下课就要赶去餐馆工作。我在准备申请材料的时候,认识了一个在这里读本科的男孩,家境非常不错,直白地说,就算一个人租一个大房子也毫不心疼,但人家跟我一样住着一个小小的单人间,周末一有时间就去打工赚点生活费。

可能是我之前的认知有误,尤其是看到一个家境不错仍在努力讨生活的人时,难免会感慨:比你有钱的人都那么努力,自己凭什么不努力一点?

生活的不易在迈出国门后有了最直观的感受，不仅仅是体现在花钱这件小事上，更多的是我开始有意无意地考量，自己这个决定正确与否，它的价值在哪里。

在网上看到一个很有意思的帖子，发帖的人问：大概多久可以把留学花的钱赚回来？

评论区各种声音都有：厉害的人用着"我特厉害"的语气说只用了一年就赚了多少多少英镑，轻轻松松就把留学的钱给赚了回来；也有很悲观的声音，说回国工作了十几年了，依旧连留学时二分之一的花费都没赚回来。

但其中有一个评论，让我印象特别深刻。

他说，如果你出国，整天想着的是如何在短期内赚回这笔钱，那干脆就别出国，因为出国留学真正花的不是精打细算后的几十万块钱，而是消逝掉的几年光阴。出国培养的是你独立生活的能力，拓展的是你全新的眼界和更宽阔的视野，这些东西虽然看不见摸不着，却最最值钱。

我为什么觉得他说得有道理呢？因为我时常也会陷入这样的困扰，思考我投入和付出的东西，该如何以最快的速度收回它的价值，而当我看到这番言论的时候，醍醐灌顶。

不知道你有没有想过，其实我们一生中很多的付出，都是无法在短期内就可以获得收益的。

你爱上了一个人，千方百计地对他好，但你想不到，或许会有一天，这个你投入了无数爱与热情的人，会移情别恋，会头也不回地离开你。

你努力减肥，每天跑跑跑、跳跳跳，控制饮食，晚上饿到不行也忍住不吃，可努力了好几个星期，体重秤上的数字还是平稳。

不求回报地努力跟付出是不现实的，没有几个人可以做到。幸运的是，世界其实在偷偷爱着你，它帮你的时候无声无息，你看不到听不见。

你爱上的那个人，让你体会到了爱一个人的幸福与美妙，你的生活有了新的焦点和支柱，你开始学着努力变好，心想只有这般才能站在他身旁。

你忍着饥饿的那无数个黑夜，其实恰好是在发生质变前的点点量变，减肥总有平台期和瓶颈期，那些体重没有下降的日子，恰好是你的身体在逐渐做好准备的阶段。

真的，很多努力和付出，短期是无法收获成果的，更有甚者，一辈子也看不到些许的星火。那么，得不到快速的回报，就意味着不去尝试，不去全力以赴了吗？

不是的，你所有经历过的、看过的世界，都会像拼图一样，一块一块地、一片一片地把你心中的、脑中的版图扩展到更辽阔的地域。

003

现在的我，很少再去考虑出国留学到底是不是一次保值的人生投资。我能勇敢地踏出那一步，可以操着不流利的口语跟保安大叔聊十几分钟的天，在这些时刻，我都会觉得这个选择是有意义的。

渴望快速回报，就像吃一杯速食泡面，既不会浪费过多的时间，又显得自己足够精明睿智。这是我们年轻人常常会犯的一个错误，不过这种错误很难避免。

因为这个年纪的我们，太过于害怕失去。本就一无所有，又何惧失去呢？可越是一无所有，就越害怕输得精光，因为我们能抓住的东西，真的不多啊，包括有限的金钱，有限的时间，还有看不清的未来，和短暂愉悦的感情。

只是当我们明确了、笃定了"不是一切都能有回报"的观点后，对有些如手中沙粒般的事情，便也能看开了。

金钱跟时间非常重要，但要想活得一往无前，金钱和时间却不是那个可以完全一手遮天的选项。

这个世界善于用上岸的强者作为强心剂鼓励你奋进与努力，但一跃跳过龙门的毕竟是少数，慢慢来，一步一步地走，才是最稳妥最安全的方式。

那些上天欠你的，会在将来某个时间节点统统还给你。等到那个时候，再回头看看，那个曾经站在朝阳里的少年，穿戴着最便宜的行头，浑身却充满了最昂贵的勇气与信念。

人生第一次，还请加油

001

二十二岁之前，我的人生都是在父母的保护下度过的。未踏入社会，也从不觉得找工作是件难事。

研究生毕业后，回国参加秋季校园招聘时，我遇见一家独角兽公司，过五关斩六将进入了最终的面试环节，面试官是部门的最高领导，在面试的最后时刻，她对我说了这样一段话：

"我觉得你是个优秀的人，你的简历也很优秀，但我在你身上看不到刚毕业的学生该有的那种热情，所以很抱歉，我觉得你不适合我们部门的任何一个角色。"

话音刚落，我的大脑停顿了两秒，慌张

起身，屁股刚抬起来，在面试官面前摔了个人仰马翻。走出公司的那一刻，我还故作镇定，但关上车门的那一瞬间，眼睛就湿了。

我不允许眼泪以成滴的形式出现，它最多只能在眼眶里转几秒。那一天，上海下起了雨，我穿越大半个城市回家。在路上，我无心看高楼林立，满脑子都是那最后一句宣判式的评语。

其实她说得也没错，我的确有些丧失了热情，但也不奇怪，从九月回国参加秋招开始，最拼的时候，我一周赶了七家公司的面试。带着许多盲目但想要体验的目的，适合我的，不适合我的，听说过的，没听说过的，全都参加。那时候每天最期待的不是睡到自然醒，而是刷新邮箱，得到成功进入下一轮面试的通知。手机也不离手，生怕错过公司打来的面试电话。

那时候我在一家公司实习，一边工作一边赶秋招让我身心俱疲，到最后甚至有些麻木了，觉得自己是个特别没用的人。

这家公司的面试经历，算是给我上了人生中关于求职的第一堂课。它让从小到大都保持那股"骄傲劲"的我第一次被大大地泼了冷水。

现在回想起这宝贵的"第一次"经历，当初在面试官前狼狈离开的我，怎么也不会想到今天，我告别了"第一次"的紧张与惶恐，开始了新的人生旅程。

002

现在回忆起来从去国外念书，到回国参加招聘进入职场，好像只用了一年的时光，却感觉一下子过了好多年。在这一年里，迎来了有生以来许多个"第一次"，也告别了许多个"最后一次"。

比如，我人生中第一次轰轰烈烈的失恋，犹如我在尼亚加拉瀑布的那个夜晚看到的烟火一般盛大，我买了许多啤酒，跟我恰好迎来新恋情的室友狂欢。我们在深夜里尖叫、大笑，吃过期的早餐麦片，引来邻居敲门说是要报警。那时候，我俩都喝醉了，脸通红。室友说我是她见过的最傻的人，明明对方不喜欢我，却还是飞蛾扑火。

虽然恋情以失败告终，但我体会到了"喜欢"这件事带给我的力量。因为喜欢上一个人，生活有了不一样的色彩，学着去付出，去关怀对方。这些来自情感和内心的力量，是在过往人生中所欠缺的，甚至包括如何和别人近距离相处，接纳别人的爱。

在欧洲的那一年，也是我人生中最后的校园时光。我在硕士生涯的最后时刻，终于适应了异国他乡的日子，图书馆、教室、毕业论文、小组讨论，是我生活的大部分。每个月会定期去别的国家旅行，在很多个景色前内心澎湃。大约也是这大半年的时光，给了我无数空间去思考人生的意义。

我渴望自由，渴望拥有一个懒散但清醒的灵魂。我渴望被爱，希望有人主动靠近我，去点燃我内心里一直被压抑的火焰。我自知内心的改变，曾经有过对这种改变浅浅的不安，但现在我似乎找到了这种改变的意义，它让我内心变得柔软。

也大概是这段自我"逃避"的时光，我开始真正学着放松自己，只是单纯地去享受纯净的生活。在这段时光里，几乎没怎么写作，像人间蒸发似的消失在许多一直关注我的人的视线里，这也直接导致我重新写作后，发现大家仿佛和我走散了多年似的。

我收到过无数评论和私信，说认识我的时候是中学，现在已经大学毕业了，抑或读到我第一本书的时候刚结束高考，而如今已经毕业工作一年了。我一时间感慨时间的仓促，但也欣慰大家与我一样，都在飞快地成长。有一些人淡淡地离开，我想这是好事，我们都在长大，会逐渐与曾经热衷的事物产生隔阂，我很高兴，与我有关的片刻痕迹可以短暂存活在共属于你我的记忆里。

去年秋天的末尾，我离开都柏林回国，漫长旅行的最后一站是曼哈顿，因为种种原因没在原定日期登岛去看自由女神像，当晚得到消息，岛上的游客因为某种有毒气体意外泄漏被紧急疏散。我和同伴觉得这是上天的保佑，索性改了行程，坐船远观自由女神像。那时候，临近回国，不舍的情绪在酝酿着，在某个去酒吧的夜晚膨胀爆炸。我不知道回国的这个决定正确与否，脑袋里仿佛有两个小人在争辩。

回国后的那一周，我开始后悔，心里想着，要是留在都柏林努力找工作，肯定会找到的。何必要挤破头去北上广呢？这些不安，我没有跟任何人讲，而是把它搁置在那里，在很多个失眠的夜晚里问自己的内心，我究竟想要什么，我满意的未来应该是什么样的？我的梦想呢？有时候想着想着就睡着了，到现在也没有一个确切的答案。后来，我逐渐明白，在现在的年纪去思考出一个明确到细节的未来总是艰难的，我能做到的就是一步一个脚印的努力。说到梦想，还是与十七岁那年想的一样，我希望有朝一日能站到台前，我希望我创作的东西可以真正被大家看到。

这也是我人生中第一次面临如此重要的"抉择"，它和高考结束后填报哪所大学的志愿不同。在这个转折点的档口，我再也没有分数作为依据，也仿佛一下子失去了力量，陷入纠结与无助之中。后来也越发明白，从此以往，我的人生中会有更多类似的时刻等待自己去选择。

遗憾的是，学生时代的最后一次毕业典礼我没有参加，因为那时候我正在一边实习一边参加秋招。我在实习公司参与的最后一个项目是新年电视广告影片的拍摄，离开的时候，项目进行了一半，后来在新公司看到那个视频，心里还是感慨万千。那段时光的不容易和焦虑成为某种刻骨铭心的记忆符号，永远深植我的脑海里。从前心高气傲的我，要学着坐在那里被人审视，被问到最多的问题是，为什么不继续写书？为什么要到职场上来受苦？这个问题也难倒了我，我开玩笑说，是为了深入实地体验，为之后写职场斗争的文章积累素材。而真实情况并不是这样，我觉得我需要一步一步地努力，去经历各式各样的人生场景。因为只有这样，我才能逐渐明晰自己到底想要什么，也才能更靠近我的梦想。

003

不过幸运的是，我人生的每个重要节点似乎都能得到一些幸运的眷顾，所以我越发明白怀着感恩之情的重要性。

感恩过去成就了自己，也感恩自己还在奔跑。

现在的状态也还算不错，在一家自己很喜欢的公司工作，写作也还在继续，很努力地在学习职场里的东西，心里也酝酿着一些新的计划。关于身边的人，无论是父母还是朋友，都想要更用心地去陪伴和珍惜。

写到这里，忽然很感激自己在这么多个"第一次"面前，都没有停下脚步。

有人说人生就是不断地打怪兽升级，于我而言，人生更像是不断地去探索，途经无数次的"第一次"，再将这些"第一次"转化为内心的力量，带着它们去领略更广阔的平原和更陡峭的山峰。

所以，在看到云雾背后的壮丽风景前，就让我们携带着对"第一次"的向往和无畏的勇士精神，继续奔跑吧！

第二章

生而有梦，不负理想

那个挺身而出的姑娘

001

之前在香港太平山，要坐车下山，因为天色已晚，两层巴士上全是人，像双面胶似的贴在一起，我和同行的女伴 J 被挤在靠近门口的区域。车没开多久，离我们最近的座位上的印度女人爆发出一声尖叫。车子很晃，这一声尖叫弄得人心惶惶。

一时间，所有的人全部看向她，大约几秒钟过后，车厢内开始弥漫出强烈的恶臭。以那位印度妇女为圆心，周遭迅速被空出一个圆，有人窃窃私语评论，我听不清楚，只听见那个印度女人一直在说着带有印度口音的 sorry（对不起）。

那个印度女人尖叫是因为在哺乳的过程

中，自己的小孩突然拉肚子了。排泄物弄脏了她的衣服、车厢的座位，还有地板；她的另一个孩子，看到此情此景，在一旁歇斯底里地哭叫起来。她完全招架不过来，车厢内也没有人愿意帮她，我跟同伴J彼此眼神交流，我问她："要不要去帮她一下？"

J对我说："你留在这里帮我看包好了，你一个男生过去也不方便。"说着，J就把自己的包卸下来，撸起袖子，逆着人群朝着她走过去。

接下来的二十多分钟里，我目睹了J帮助她摆脱尴尬局面的全过程。J把自己身上所有的卫生纸和纸巾全都递了过去，还不知道从哪里变出一个盛污物的塑料袋递过去。她忍着所有人都嗤之以鼻的恶臭，一边安抚着哭叫的两个孩子，一边给那个闹肚子的小家伙换好了纸尿裤。

印度女人察觉到了众人的不满，接过J的纸巾飞快地处理着现场。这期间，车厢里聒噪的气氛逐渐冷却，但臭味依旧存在。J轻抚着小家伙的背，安抚着印度女人的情绪。处理好一切的时候，车子到站了。

我跟J下车的时候，那个印度女人追上我们，对J说了很多遍感谢，然后送给J一枚小胸针，她说那是她最喜欢的一枚胸针。

回去的路上，我的脑海里一直在回放着车上发生的事。恶臭、拥挤、燥热、婴儿的哭闹，一切嘈杂的背景音却都在J有条不紊地帮助陌生人的时候静止了。

我对J说，你真的很善良很勇敢。J有些不好意思地摇摇头说，只是举手之劳，不想看到别人绝望的样子。

我很好奇地追问J，明明也才二十出头的年纪，她怎么会换尿不湿。J回答我说，因为她有个相差十岁的小妹妹，父母又忙，所以自己从中学的时候就担任起照顾妹妹的责任，换尿布也是在那个时候学会的。

那一整个晚上我都觉得自己像是活在一个很美好的梦境里，当看到J挽起袖子，穿过车厢里拥挤的人群时，那个瞬间，我觉得不能再简单地用"有修养""很善良""很勇敢""乐于助人"诸如此类的语言去形容她，因为，我看到了J身上透出了一种不凡的光芒。

002

J是我的大学同学，因为同上一节课而认识。最初吸引我注意的是J的一个很特别的小举动。

她总是很早到教室。因为是流动教室，黑板上往往会遗留下上节课的板书，这时，她就会走上讲台，把黑板擦干净，再将所有的粉笔头收纳进粉笔盒里。不管教室里有没有人，她每节课前都会提早到教室，做这件事似乎已经成了一个习惯。下课也不例外，等到老师和大部分同学都离开后，她会上台把黑板和讲桌打理干净。

有一次，我不小心听到一个坐在我前面的女生议论她，说她每次这么主动擦黑板，无非就是做给老师和同学们看。

听到这样的话，不知道为什么，我内心竟然产生了一种被冤枉、被非议的感觉，我主动上前替J解释了一通，却被对方扣上了"你不会是喜欢上她了吧"的帽子。

没办法，很多误会就是这样产生的。后来不知道怎么回事，我的名字就传到了 J 的耳朵里，身处于两个不同学院的我们就这样"误打误撞"地认识了。

在发现我们竟然都曾参加新概念作文大赛后，许多共同话题和兴趣一下子全被打开了。我们逐渐成为好朋友，有时候还会相约一同旅行。

不知道为什么，我们看到有的人敢为人先地做了一件本身值得赞赏的事情，却总认为别人是作秀。

其实，有时候不是我们误解了别人，而是我们误解了我们自己。

有一次跟 J 从一个艺术展逛完回学校，说完再见后没走多久，我发现 J 借给我的充电宝还在背包里，想着赶快追回去把东西还给她。

当我看到 J 的时候，她正蹲在一只小猫的面前。

那只小猫是我们学校很出名的一只流浪猫，因为它每天都会准时躺在人群经过的台阶上睡懒觉，所以总会得到很多人的投食，喂什么的都有，牛奶、巧克力、薯片、鸡腿、牛肉、猪排……还有很多吃剩的食物，这只猫被喂得越来越肥，圆滚滚的。

J 背对着我，我定睛看了好一会儿，也没搞清楚她到底在做什么。

只见她挑拣着小猫前面的食物，然后把它们扔进旁边的垃圾桶里。

我走到她身前，着实把她吓了一跳，我问她在干什么，她说她在帮小猫把对它身体不好的食物都挑出来。

J 跟我讲解了猫咪不能吃什么类型的食物，也是在这一刻，我才知道原来给猫喂食大量含盐、含糖的食物，会让猫咪患上蛀牙，损害它们的肾脏和尿路系统。

因为小猫可爱，所以吸引了很多人投喂，但其实大多数的食物对猫来说都是不健康的。J 说自己没事的时候就会来看看这只猫咪，帮它挑拣一下食物。

J 的身上仿佛有一种魔力，她总会让你发现这个世界上有着细微却又温暖美好的存在。

后来，我也经常跟着 J 一起过来看这只猫。但遗憾的是，这只猫还是越来越胖，最后彻底消失了，听人说是因为一场台风死掉了。

003

说实话，大概是因为自己是一个写作者的缘故，在真正了解 J 以前，我一直不相信，这个世界上真的有这么纯粹的姑娘存在。

无论是谁跟她讲话，就算自己手头上在忙工作，她也会停下来，双目凝神地注视着你，倾听你。

她从不轻易地去评判别人，即使自己遭受了误解，仍在内心里为对方留存一块理解的土壤。

她的举手投足总会让你觉得自己作为一个个体，得到了对方百分之百的尊重。

很多人之所以看到了世界的真挚美好，恰恰是因为他们自己也是真挚而美好的存在。

很多我们可以轻而易举做到的事情，不是因为缺少勇气，而是因为我们不敢跳脱出那个所谓的"大多数"。

我永远会记得在那节逼仄恶臭的车厢里，所有人嘴里嘟囔着、侧目而视的时刻，有一个姑娘，没有任何犹豫，卸下包就迎了上去。

　　在那一瞬间，我觉得自己生活着的这个世界，有血有肉，有恶意有善意，有糟糕也有美好。

我所向往的生活

001

看宫崎骏的《天空之城》时，一直在想，这个世界上究竟有没有一个地方，真的可以像动漫中描绘的那样，伸出手就可以触碰到大朵大朵的云彩。

二十一岁的我，在世界上找到了这样一个角落，它的名字叫作——都柏林。

厦门大学念完本科后，我申请到了爱尔兰圣三一大学的商科专业。从未去过欧洲的我，就这样踏上了一段未知的旅程。

和亚洲大陆接壤的欧洲大陆虽然听起来像是近邻，殊不知，那片神秘的土地与国内有着将近十个小时的时差。虽然高中地理学了不少关于时区、时差的知识，却没有真正体验过置身另一个时空的感受。

八月的最后一天，我身着夏季衣服降落都柏林时，手机显示快要晚上九点了，都柏林的天空却依旧日光明朗，一落地便可以感知到风中裹挟的寒冷。这一刻我终于对"时间""空间"等一系列词汇，有了真切的实感。

都柏林是爱尔兰共和国的首都。提到爱尔兰，就不得不提起英国。爱尔兰岛坐落于英国的西侧，两个国家在历史上曾是一体，于1922年，爱尔兰脱离英国实现独立。独立后，爱尔兰的经济凭借着优秀的高新产业取得了快速的发展，有着"欧洲硅谷"称号的都柏林如今已是全世界最富裕的城市之一。

为什么会选择去爱尔兰念书呢？大概是因为历史上众多著名的文学家、艺术家都是从这里走出。萧伯纳的戏剧、叶芝的诗、乔伊斯的小说，还有俘获全世界歌迷的心的西城男孩，都给这个横跨利菲河的古城，描绘出享誉全球的光辉一页。

乔伊斯在他的作品《一个青年艺术家的画像》里淋漓尽致地展现了有关都柏林人的生活画像，那时候在他的作品里读到的是关于自由与独立的渴望，是时代背景下年轻人的压抑跟矛盾。当时在想，到底是怎么样一个城市，会让乔伊斯这般描绘？带着这样的疑问，我在云层中飞行十几个小时后，终于投向这个文化之都的怀抱。

爱尔兰为海洋气候区，这里的冬天温暖，夏天凉爽，一年四季不会出现酷暑与严寒的天气。听起来是一个令人神往的地方，但是刚到爱尔兰的我，被那里的天气搞得哭笑不得。虽然没有极端的温度，但上一秒还是艳阳高照，下一秒就可以倾盆大雨，还是要花一些时间去适应。因为位于高纬度地区，加之气流的影响，这里几乎每分每秒都被风声紧紧簇拥着。

连天气预报也可以忽略了，出门包里装上一把伞是日常。雨水和阳光同台出现是令人惊喜又惊讶的事情，简单地驻足抬起头，就会看到天空之中云卷云舒的画卷。因为风大，所以我可以清晰地看到云朵的流动，不需要相机的延时摄影功能，也能目睹到云朵之间相互嬉戏追逐的景色。有时候，阳光充足，眺望远方的时候，就可以看见大片大片的云匍匐在楼群的身后，仿佛一伸手就可以抓住一朵。

我是一个不怎么喜欢雨天的人，刚来的那一周，每每看到突然降下的雨，心情就会变得莫名失落。其实，也只有自己心里明白，这种失落不仅仅是因为天气无常，更是因为刚到陌生的环境，披覆在身上的那层对异国的恐惧与对家乡的思念。

有时候自我安慰，我一个人拖着两个那么重的行李箱，独自一人来到另一个半球，穿越过不同肤色的人群，也是一种勇敢吧。

003

其实这个世界的每个角落里都存在着许许多多为了生活，而勇敢踏出舒适圈的灵魂。

我住在都柏林的中国城，这里遍布着各种各样的亚洲餐馆和中国超市，虽然这些餐馆的味道不及家乡的地道，但每当品尝到那些熟悉的菜肴时，还是会有一种幸福感和安全感。说到住房，就不得不谈谈都柏林的高房价，尤其是租房的价格。

利菲河将都柏林划分成了南北两个部分，一区和二区是都柏林的市中心，因而租房的价格较高，我就读的圣三一大学位于二区，为了方便，我选择住在了一区。每天上课放学，都会经过都柏林的城市脉搏——利菲河。看着鸽子时而低行，时而成群结队、气势汹汹地飞过，身体也会莫名地被注入一股活力。而夜晚放学回家的时候，利菲河会亮起夜灯，在城市氤氲的夜色中，人们行色匆匆地穿过桥，属于都柏林的真实面孔在慢慢浮现。

爱尔兰当地的朋友问我，一个刚刚到这里生活的人，对这座城市有着怎样的初印象？

我回答他说，这座城市里装着一个缓慢而静谧的灵魂。

为什么呢？因为在这座世界闻名、经济发达的城市里，你看不到任何类似于摩天大楼的现代城市建筑，反而都是保留了古朴面貌的屋宇和小巷。几乎所有的店铺都只会在中午十一点才开门迎客，到了下午五六点，就关门打烊。

这里的人们对于生活似乎有着另一番独特的理解，不急不迫，不骄不躁。马路上所有的车辆都会为行人停车让道，正在行走的人似乎随时可以坐下来喝杯咖啡或者啤酒，小唱一曲。没有属于摩登城市那般的喧嚣与急驰，就连那鸽子也毫不畏惧人似的闲庭信步。

我不禁思考，这样的生活是否就是自己真正想要的呢？或者换句话讲，这才是生活的本质吗？

此时此刻的我，还很难总结出一个说服自己的答案，但我可以笃定的是，当自己的周遭开始变得不同时，那便是新生活的开始了。

人的一生可以跳脱出原有舒适圈的机会不多，更多时候，我们会被着急的生活牵着鼻子走。但转念一想，我来到这里，来到这个与生我养我的故土完全不同的地方，它的意义莫过于去发现一个新的世界和新的自己吧。

孤单的灵魂总要回家

001

都柏林又回到了我最初来时的季节，白昼变长，时阴时雨，总要在背包里腾出一些空间给雨伞。在这里，人们不讲求时尚，一年备两三件防雨的外衣就足够了，即便是年轻人也穿得千篇一律。

逛商场时看中了一款毛衣，可惜没有合适的尺码，我问店员有没有更小一码的。那位时刻微笑的女士对我说抱歉，这新款式走的设计路线就是方便、宽松，最小的尺码就是 M 号。

那一刻，恍然意识到，我不能在这里停留过久，因为总买不到尺码合适的衣服。我总在更衣室里自拍，拍我这一年的变化。我对 Mike 说，这一年我晒黑了一些，欧洲纬度高，紫外线也格外强烈。他说他们白种人都想自己晒得更黑一些，而亚洲人却希望自己变得更白一些。我对他说，这是荒谬的审美差异。

我的确不能留在这里，因为我不够白净，也没有黑得很彻底。

那颗藏在花丛中的苹果核不知道，我曾经最讨厌吃的就是苹果。但半年前，我开始习惯，尽管我觉得牙齿咀嚼苹果时发出的清脆声响如同指甲划过黑板的声音一样令人讨厌。我在控制饮食，朋友家的房东太太说我已经够瘦了。她问我多少岁了，我说今年二十二岁。她说我已经是一个男人了。男人需要肌肉，而不是瘦得只剩骨头。

002

大概也是半年前，我开始追随一些叫作"Teen spirit"的东西，我直白地将其理解为那些只属于少年质感的事物和情绪。我应该学着像欧洲小年轻那样，带着一种颓废的感觉，可是我的心理年龄却早已超过了那半熟不熟的阶段。我不想像那个被丢弃在花丛中的苹果一样，等待腐烂。

很多次洗澡的时候，我对着镜子微笑，发现有眼角纹了。朋友叫我不要经常大笑，说那样会变老。我觉察到随着时间流逝，我的肌肤不再了无痕迹，我渐渐变得恐慌。这一年即将落幕，中场休息已经过了，下半场的表演，观众已经稀稀疏疏。

在圣彼得堡看完那场芭蕾舞表演后，我一个人沿着细窄的河道走了漫长的路。我突然想起这一年里我遇到的年纪相仿的人：在摩洛哥的 Hason 做着游客的生意，他既是老板又是司机，陪同到那里旅游的人穿越那片土地，他说他赚了很多钱，想把事业做得更大一些，然后娶个姑娘成家；在西班牙的伦敦男孩丹尼尔，估计已经回英国了，不知道他现在过得怎么样，学动物学的他帮许多奇奇怪怪的小动物接过生，我后来把头发染成了和他一样的颜色，他给我发消息说，他很喜欢我的新发色；已经拿到瑞典土耳其双国籍的 Sasha 仍旧在学校里恶补瑞典语，他赚了一些钱，来到北欧这个高冷的国度，他觉得一个人很孤独，仍旧胆怯地看周遭的人，他每天去健身房前喝大量的蛋白质粉，靠着前几年工作攒下的积蓄生活。

这一年，世界已经微缩成了水晶球里的城池与花园。王子公主生活在其中，而更多的是芸芸众生。大多时刻，我都在路上，朋友敲不定档期，我干脆一个人说走就走。我在莫斯科的地铁里迷过路，在布达佩斯的大雨里高烧四十度，也曾误过飞机，只能坐八小时的大巴穿越整个英国。像是把该吃的苦都吃了，所以才会顿悟，其实我不属于这里。

不是这里不够好，而是我需要返回某条我已经给自己设定的人生轨道里。

Andrew 说我还年轻，还有无限的可能性，所以说我更不能把生活错置在都柏林的冷雨里。生活闲适总归有它的好，但我意识到我心生懈怠时，身体里的天平开始失衡，它告诉我不能再这样继续下去了。

为了能够吃上方便快捷又实惠的外卖，我也要回去了。

在这一年里，我几乎停了所有的工作，新的合作找上门来，我也懒得回复消息。这要放在一年前，我万万不敢这样做。是都柏林这飘荡的仙气与雾气改变了我，当我惊醒不该这样做的时候，一年的幻梦也将醒未醒。那些被我搁置的玻璃碎片，被我一片片捡起，我要把它们一一拼凑好，复原成原先的美丽模样。

我跟无数个陌生人提起过自己的背景，他们都表现出惊讶的神情，夸赞我是个有天赋的人，但也仅仅限于此。大多数人不会想要深入挖掘你的曾经，因而我觉得自己被忽视了。我需要一个给我优越感的环境，或者一个人。

这一年的大多时刻，我都被孤独环绕着。之前住在市中心的那间房子已经退了，在离开的两个月前，当时租住的房屋楼下开的理发店着了火，透过玻璃，可以看见室内已经被烧得一团糟，店主只是在玻璃上贴了张告示，写着欠的钱会陆陆续续还清，不知道他经历了什么，但直到我真正搬走，这家店仍旧停留在废墟里。

这一条街上，非洲人开的几家店都连在一起，餐馆里永远只有非洲人光顾。时常看到他们在街头一边嚼着薯片一边大声讲话，偶尔也会有争吵。我总是在他们像说唱一样的争执声中淡然地穿过。

这个世界真的很奇妙。

Mike 说这里没有人会在意文化差异。那天晚上，他喝了太多酒，开始大讲自己过往的感情经历，许多前任，来自全世界不同国家。我听他讲着，安静地喝着白葡萄酒，盯着窗外。外面在打地基的建筑是商学院，在我毕业后的第二年就会建好，并且投入使用。

004

这一年最忙碌的时日还历历在目，我在雾蒙蒙的清晨里起床，做了一个培根三明治，然后赶去教室占一个不错的位置。永无止境的小组讨论和课堂展示交织着，构成了生活的绝大部分。在图书馆里我总会坐在一个角落，那个角落安静、无人打扰，一抬头还可以看到窗外的人们。

他们偶尔会坐在窗前接吻，偶尔会吃一个冰激凌，偶尔会苦闷地抽着烟。我总是在休息的片刻凝视他们，像某句诗里写的那样，他们成了我眼中的风景。

我会把咖啡带进图书馆，尽管这是不允许的。在欧洲这一年，我最可怕的习惯是，一天要喝两杯咖啡，似乎只有那些苦涩的液体下肚，整个人才能活泛起来。

我试图找一个安静的下午，去细数身上的改变，或者内心的改变。想要长篇大论，却发现并无太多。或许是心态更平和了，在纠结和自我挣扎的时刻，我开始学着与内心的自我对话。我逐渐意识到，这个世界上能够随时随地倾听自己的人只有自己。

所以，人必须学会与自我对话。

失恋的那段时间，我开始不断锻炼这种技能。我从超市买的樱桃很甜，但吃到嘴里却全是苦涩的。我把擦过泪水的纸巾揉成团，随意丢在床上，也懒得去收拾。我自己住，所以没有人知道我那段时间过得有多糟糕。

并行的是一场大病，持续高烧，嗓子也发炎了。病好之后，我立刻买了机票，一个人去一个很远的国家旅行，朋友劝我别去。我说我不怕，可怎么会不怕呢？但是，我必须逃离一阵子，去一个谁也不认识的地方。

当我在伊斯坦布尔一家叫作"Flower"的酒吧里疯狂舞动自己的身体时，我感受到年轻的美好，人们在杂乱的灯光下穿梭，有吻，有酒精，也有人群中的寂寞对视。

很多个瞬间，我感到庆幸，在二十一二岁的年纪去了很远的地方，认识了很多可能遇见就告别的人，听了很多我想一一讲给别人的故事。

005

我把这一年洋洋洒洒地写进这篇文章里，似乎是刻意为自己创造某种仪式感。我啊，到了必须说再见的时刻。

高中同学里已经有结婚领证的了，大学同学里已经有生小孩的了。

三十多岁的 Andrew 才开始念博士，菲律宾的 Joiy 有了比她小十岁的法国男朋友，音乐家 H 先生买了他人生中的第四套房子。

玻璃水晶球里的人们各自飘浮着，我也是一颗星或者一颗雨滴，曾经与他们擦肩而过，或者曾经与他们的灵魂短暂交织过。

稍纵即逝或许是每一段人生旅程的常态，但我想，从今以后我会更加怀念那些岁月里偶尔花落花开的自由。

阿拉斯加的鳕鱼溯流而上，是为了迎接下一季新的生命。

撒哈拉的月明星稀，是渴望有人仰望它的瑰丽。

而大西洋东岸的翡翠岛屿，对一些人而言只是漂泊灵魂的一个行路酒栈。

现在，是该回家了。

待到辣椒成熟时

001

出国之前回了趟奶奶家，房子已许久没
人住了，我和父亲打扫了一下蜘蛛网和灰尘，
意外地在阳台上看见了那盆原先种辣椒的花
盆里生出了新芽，不知道是不是奶奶亲手植
下的辣椒，只是看着破土而出的翠绿生机，
有种恍如隔世的感觉。

原来已经过去四年之久了。

那盆辣椒是我高三那年种下的，种子是
一位女同学给的，我也不知道有何意义，想
到奶奶平日里爱捣鼓些植物什么的，就拿回
家给了她老人家。

这辣椒起初就是不活，不都说植物是在
夜间偷偷长大的吗？于是，我每天晚上结束

晚自习回到家都会跑去阳台瞄两眼。也不知道怎么心里就揣上了期待，渴盼着有朝一日会看着红灿灿的辣椒长出来。

送我辣椒的那位女同学，名字叫莹，我的母亲跟她的母亲是同事，所以母亲平日里就叫我多照顾莹。我高三的时候寄住在奶奶家，莹家在我奶奶家的小区里租了一间小房子，于是同班的我们总是约好一起上下学。

现在回忆起来高三的生活，单调得像煮完饺子的清汤，虽是裹挟着那五彩杂陈的馅料下锅，但仍是一锅索然无味。尽管厌恶每天一大早，天还没亮就骑车赶去教室早读，但还是日复一日地坚持了下来；尽管晚自习下课的时间越来越晚，但每当身边有个人可以说笑一路归家，便不觉得这寒风中的路途无聊。

我每次收拾书包都慢半拍，所以莹总会在停车棚的门口等我。人潮拥挤的时候，她会跳起来朝我招招手，让我知道她在哪里。回家的路上，我们很自觉地不再聊任何关于学习和考试的事情，只是慢慢地骑，然后吐槽今天遇到的糟心事。我们乐于做彼此的垃圾桶，很多时候，坏情绪都是在这短暂的二十分钟骑行里被抛之脑后的。

002

听过母亲讲过莹的故事，四岁那年，她父亲突然失踪了，她和母亲相依为命。从小到大，莹都是一个特别争强好胜的人。中考的时候，还考进了我们市的前十名。单位里的同事们都很羡慕莹的母亲，每每提起自己女儿的时候，她的母亲也总是满脸的欣慰。

高三的这一年，莹依旧创造出过许多诸如什么英语满分、文综全班第一名的神话，那时候的莹立志考中国人民大学，所有人也都相信她一定是没问题的。而高三上半年的我，仍旧是个后进生，成绩平平，按照年级排名分考场，我永远在最顶楼那一层。于是，母亲总是拿莹来鞭策我，让我没事多请教她是怎么学习的。每当聊起这些，我总是想尽办法转移话题，还和母亲吵过架。

记得有一次放学回家的路上，我问莹，从小到大都是前三名，会不会突然有一天也会觉得累了，或者是害怕了？不知道怎么的，我话音刚落，莹的自行车就掉链子了。

我停下来，帮她把车子转移到路边，摘下手套帮她把链子重新装上。来来去去弄了十多分钟，没两步又掉了下来，莹让我先回家，她自己推车回去，我没有答应她，陪她推着车子回家。

"就像你不知道你的自行车什么时候会突然掉链子，我有时候也会在想，如果有一天，我真的坚持不下去了该怎么办。"

风把她没有完全藏进帽子里的发尾吹起来，我看了她一眼，听见她的声音被揉碎在风声里。

"记得上初中的时候，有一次考试，我从前三名一下子掉到十几名。我拿着成绩单一路忐忑地走回家，满脑子都想着该如何跟我妈解释。快到家的时候，看到我妈一个人扛着两袋大米上楼，那个瞬间，我一下子就哭了。也不知道为什么会突然变得这样敏感，只是觉得如果没有我，或许她不会活得这么辛苦。所以从那次开始，我就立志每次考试都要考第一名。后来每次考试，我都会想起那个一直印在脑海里的画面，或许这是我在这个年纪唯一可以让她感到生活还有希望的方式了吧。"

话音刚落，我看着身前匆忙的车流，它们在远处化作一个个圆形的光点，心里滋生出一种很柔软的感觉。那一刻，在我的眼睛里，莹是一个很厉害又很特别的人。

后来的高三生活依旧千篇一律，我们从厚重的冬装换到短袖衬衫，知了的声音，开始充斥在我们的生活中。

多亏了奶奶的悉心照料，莹送给我的辣椒种子很成功地在春天的时候冒出了芽。我每天下晚自习回到家的第一件事就是去看看它，摸摸它的嫩芽，还嚷嚷着等它长出了成熟的果实，就要把这辣椒烹进菜肴里。

003

一模考试的第二天，莹没来上学，后来收到她的短信，那时我正在吃早餐，短信里她只是说这段时间不能跟我一起上下学了。起初我以为她是生病了，但接下来半个月，她都没有出现，让我着实担心她到底怎么了。向母亲打听了一下，才知道莹的母亲一个人在家烧水的时候，不小心碰倒了热水壶，两条腿大面积烫伤，正在住院治疗中。

起初，莹的母亲本来是瞒着女儿的，但后来还是被她知道了。莹向学校请了一个月的假，在医院里照顾自己的母亲。虽然莹的母亲百般拒绝，怕耽误她的高考，但莹还是倔强地留了下来，每天一边照顾母亲，一边复习功课。

之后的半个月，我每周末都会把一周堆积成山的试卷送给待在医院的莹，顺便跟她简单聊聊学校里的事情。言语之间，我能发现她脸上的疲倦。

莹的一模考试虽然只考了第一天，但单科的成绩不错。等到二模和三模的时候，莹终于出现了，考完试就匆匆回医院去了。她的成绩单是我带给她的，和以往不同的是，莹这两次模拟考的成绩一直在退步，三模的时候甚至从班级前三名掉到了二十几名。

我不敢想这期间她到底经历了什么，只知道这不是莹应该有的水平。我试图善意地提醒，但莹却百般嘱咐我不要把她的成绩告诉别人，因为她不想让母亲失望。

再后来，莹没有再让我帮她送试卷。临高考的前几天，她终于出现在了学校，此后的几天大概也是我们最后的交集。

高考的前一晚，我们依旧像往常一样一同骑车回家，路上她突然问我那株辣椒怎么样了，我说已经结出青绿色的果实了。她笑笑，让我猜她当初为什么要送给我辣椒。

我说我猜不出，她兀自乐起来，告诉我她小时候每次考试前都会吃一根特别特别辣的辣椒，认为这样就会考得很好，而每次成绩稍有退步，就是因为没有吃那代表幸运和希望的辣椒。虽然这个小秘密听起来很扯，但我还是被莹一脸的认真打动了。

按照她的说法，高考前那晚，我从那株辣椒上摘了一根看起来最辣的辣椒，咬着牙把它嚼碎了咽下去。大概真如她所说，高考那黑色的炼狱般的三天，都安稳、顺利地度过了。

发榜查成绩的那一天，我感到很幸运，得知自己考出了最理想的成绩，一家人热热闹闹地商量着要怎么庆祝。班主任第二天在群里上传了一份全班高考成绩单，当我看到莹的名字的时候，整个人一下子愣住了。

莹的总分比一本分数线差了一分。

我给她打电话，想要问问她还好吗，可电话始终无人接听。就连我们一家人在庆祝我的高考成绩时，我也在努力地联系她，可依旧无果。后来听母亲说，莹的母亲因为腿伤，被单位调去了另外一个城市，莹也跟着离开了。

当一个人就这样悄无声息，一句话也没有留地离开了，我不知道该以怎样的心情去面对这样寂静的告别。

毕业散伙饭，莹如我所预料，没有来，身边几个关系不错的朋友，还在为她的成绩而感到可惜。

"本来能上重本，甚至冲刺清华北大的，没想到最后却……"

听到这句话的时候，我的手在桌子下不禁颤抖了一下。我想埋怨老天为什么要这样捉弄一个人，为什么要让她来承受这般的命运，可是作为旁观者的我却丝毫无法改变这一切，只能叹息。

除了莹，没有一个人知道这里面的原因。

004

从那以后，我再也没有遇到过莹了。那株辣椒年复一年地生长，被奶奶悉心照料着。大三那年，奶奶因为肺癌离世，临走之前她的精神已经有些错乱，有一天病发作，糊涂之中，把那株旺盛的辣椒的枝丫全剪了。

四年后，再次看到这株顽强的辣椒时，我的眼前浮现了两个人的身影：一个是当时把辣椒种子递给我的好友莹的，一个是歇斯底里地破坏整株辣椒的奶奶的。

我不明白这之中承载了多少意义，只是徒然地察觉到时间的威力。植物的生长可以往复重来，但一个人可能只会在你的生命里出现一次，可能只会陪你走过那短短的一条路。

人在时间面前是渺小的，但在命运面前，也同样是无能为力的吗？

之后，听母亲三两提起过莹的现状，据说是已经嫁人了，在一所本地的幼儿园做老师，生活算是安稳。

我有时候会想，倘若那时候的莹按照她所想的和大家所期望的方向走着，顺利地考上人大，留在北京，现在的她会过着怎样的生活呢？

父亲想要把这破旧的花盆和落败的辣椒丢掉，但我执意留下它。我把那株冒出新芽的辣椒小心翼翼地从土里移了出来，然后带回了自己家。

父亲问我为什么，我说因为辣椒代表着希望和幸运啊。

飘荡人间的宇航员

001

我之前在斯德哥尔摩现代美术馆里看到过一组美术作品，作者是谁我记不准确了，内容却让我印象深刻，是穿着航天服的宇航员穿梭在世间的各个角落。看到这组作品的时候，我被作者的想象力打动了，他将宇航员本该存在的地方变成了平凡人间里最为常见的场景：在雨中与其他人一起等一辆迟来的公交车，在游乐场的旋转木马前看孩童们放肆嬉闹，在简陋的公寓里打开冒着热气的比萨盒。

我在冷气十足的美术馆里对着这个戴着头盔的宇航员看了许久，想起小时候。

很多人都一样，打小就幻想在长大后成

为很厉害的人。记得儿时，在同学录上写过想成为发现第二个"地球"的宇航员。十多年后，回想自己和最初梦想的这一角色最接近时的场景，大概也只是留学时，在万圣节将自己打扮成了宇航员，上街跟陌生的人们一起欢呼。

看到这一系列的作品后，我一直都在想，会不会有那么一群人，即便他们接受了系统的培训，深受急剧加速的痛苦后，但仍没有进入太空，而是最终飘荡在人世间，体验这世界万千角落里不同的失重感呢？

002

独自生活的三年间，有很多时刻，我都会联想到那位面目模糊的宇航员。我试图将这种联想产生的原因与作品所折射出的"盛大的孤独"联系起来，但最终发现，其实之所以会频频想起，并不是因为孤独。

我读初中时，就已经是寄宿生了。青春岁月大多数的时光，是在住着四五个人的狭小宿舍里度过的，这样的生活一直持续到从厦大毕业。去了爱尔兰读研究生后，才真正开启一个人的独居生活。

在都柏林，我租住的公寓位于市中心，公寓所在的那条街道脏兮兮的，每天充斥着大量的噪音，附近的餐馆发生过严重火灾，而我住的公寓楼甚至发生过枪击案。即便有这么多不美好的因素，但我仍旧热爱那年生活中的每一个细节。

日常的行动轨迹非常简单，基本上就是家和学校两点一线。每天走过的路都是一模一样的，偶尔会和朋友出去玩乐旅行，作为忙碌生活的调剂。这样的生活虽然看起来颇为平淡，却给了我许多难以忘怀的记忆。或者说，是因为那一年独自在海外生活的经历，教会了我后面的人生该如何与自己相处。

003

从爱尔兰毕业回国后，我来到上海工作，在这个陌生的城市里继续一个人的生活。

"陌生"的好处在于，你知道一切都是崭新的，同时也允许你试错。并且，也意味着，你是自由的，你可以按照自己喜欢的方式去生活。

我的本职工作是在一家外企做品牌营销，另外一个身份则是写作者。白天，我在办公室的格子间里工作，按部就班地完成需要完成的方案，随时准备听从老板的吩咐；夜晚，我在租住的房间里，趴在床上，电脑旁边是打开的薯片或者洗好的蓝莓，去做一个写作者。

卧室里有一个飘窗，飘窗上摆了很多书，没事的时候我会坐在那里阅读、喝茶。但大多时候，那里是我加班到深夜回家后，解决晚餐或消夜的地方。用餐时，能看到深夜里的马路，车流拉出一条条荧光线，耳畔是音箱正播放的音乐。

在上海的这两年中的绝大多数时光，都是自己与自己相处。加班，写稿子，定期更换室内的香薰，做家务，去花店买花，床边永远是书和 iPad，以此消磨时光。当然，也曾迎来过三两客人，朋友，前任。

过后，这里仍旧只有我自己。

很多个深夜，我盘腿坐在地毯上，静静地看身旁的加湿器散出烟雾。每每此时，总会想起之前看到的那幅美术作品——深夜，宇航员在破旧的公寓里独自打开一盒比萨。

倒不是因为孤独才产生了这样的联想，而是独居三年，我更加笃定：即便这种时刻只有我一个人，也能真切感受到内心的平静和愉悦，这种舒适感并不是同一个屋檐下多一个人就可以带来的。

那究竟是什么勾起了这般联想呢？

004

读过一篇这样的文章，里面写宇航员这个职业，除接受体能训练、失重训练之外，还要接受很多心理方面的训练。孤独是宇航员的常态，当他们在太空中，失去与地球的社交关联时，他们需要强迫自己继续保持一个平静的心理状态来完成任务。

这一职业，意味着生命会处于危险的边缘，所以必须做好随时要湮灭在这个世间的准备。它吞噬了所有孤独的存在方式，甚至吞噬了生命。于是，孤独变得微不足道。

即便面临着这样的结局，宇航员们仍旧勇往直前，是因为他们热爱宇宙，也热爱探索。在这样炽烈的热爱面前，孤独不再成为一个值得被拿出来反复温习的"议题"。

我猛然意识到，在美术馆看到的那组作品所要表达的，其实已经远远超过了"孤独"这一层含义。即便宇航员不在宇宙间遨游穿梭，即便藏身于世间的角落，可无论在哪里，他依旧是那个接受过专业训练和考验的宇航员，依旧是那个能够平静面对孤独的他。

或许，这也是为什么我会在独自生活的很多个瞬间，频繁联想起那组作品的缘由。

不是因为忽略身体会感知到孤独，也不是因为害怕孤独，而是因为，飘荡人间的宇航员和独自行走在城市中的我，都发现了比孤独本身更重要的东西。

有些伤痛需要自己走出

001

她叫陆妈，是我大学期间有一次参加义工活动认识的阿姨，我没有问过她具体的年纪，只知道她大概四十岁左右，没有孩子。

我在孤儿院做过大约半年多的义工，陆妈也在，这里所有的大人和小朋友都会亲切地称呼她为陆妈。理由很简单，她是一个妈妈般的存在，尤其是对那些孤单的小孩子而言。

我问过她为什么要在这里做义工，还一做就做了好多年，她云淡风轻地跟我说，为了赎罪。"赎罪"这两个字背后自然有我不知道的故事，我不敢追问，但后来的某一天，还是机缘巧合地知道了发生在她身上的悲伤过往。

她曾被自己的丈夫家暴长达八年之久。

002

那是一个安静的下午，我们去逛了超市，然后在一家茶馆喝茶。那天，她穿了一件米色的上衣，九分裤，走起路来，隐约露出脚腕的一道疤痕。

我问她第一次被丈夫家暴是什么时间。她眼珠左右晃动了一下，跟我说是结婚第二年，那时候跟着丈夫从闽南去深圳打工，从农村出来的他们过得特别辛苦。丈夫一直想要个孩子，可是不知道为什么，她就是没能怀孕。第一次被家暴，她说自己记得特别清楚，丈夫拉完货回家，因为在路上出了点意外，一天拉货赚来的钱都搭进去了，而当时她在家做饭，煮的粥火候不够，有些夹生了，丈夫没吃几口就开始破口大骂，紧接着开始动手，把碗丢向她，还掐她的脖子，拿水龙头里的水冲她的头。

那次，她并不知道丈夫这一天经历了什么事情，只知道自己非常害怕，被丈夫锁在厨房里，满地都是粥和碗碟的碎片。

我问她当时在想什么，她笑了笑，告诉我，挨打的时候，痛得快失去知觉了，完全不知道自己该怎么办，也没有去反抗，因为她知道自己反抗不过一个男人，她只能求饶，还担心周围的邻居会听见自己家的吵架声。

虽未经历，但却能感受到她的痛苦。同时也震惊，她最开始的反应不是考虑如何反抗脱身，而是害怕别人听见自己家的丑事。

在这种情况下，女性作为弱势群体遭遇这样的待遇令人愤慨。时间过去了那么久，她不再年轻，而在我们这个时代里，仍旧有这样的婚姻这样的女性存在着。

003

提起过往，陆妈努力克制着自己的悲伤，我知道揭开伤疤一定非常痛苦。

那次之后，丈夫殴打她便成了家常便饭。为了让她怀上孩子，丈夫不断折磨着她，将自己的暴力与愤怒全部施加在她身上。

最严重的一次，丈夫将一个装满滚烫热水的暖瓶砸向了她，她的腿部被严重烫伤，她跪在地上求饶，丈夫却用脚使劲踩住她的耳朵，用力扯她的头发。每次施暴结束后，丈夫就会出去喝酒，把她一个人锁在家里。

被烫伤的她不敢去医院，是来送煤气的人把她送去医院的。她在医院住了三个月，丈夫没有来看望过她一次。

讲到这里的时候，陆妈的视线暗了下去，她说那一次她真正感受到了人生的绝望，觉得自己这辈子完了，像个活死人一样。

我问她有没有想过离婚，陆妈说在那个年代，尤其像她这种农民出身的女人，离婚就意味着这辈子完蛋了。

于是，在接下来的几年，陆妈依旧忍受着这种接连不断的折磨。她无数次被丈夫虚情假意的道歉打动，又无数次因为害怕别人的眼光而退缩，就这样在痛苦与妥协之中过了八年。

陆妈跟我讲了一个秘密，其实在那八年之间，她数次看见过自己的丈夫与其他的女人厮混，丈夫甚至还带女人回过家，和那个陌生的女人就在隔壁房间，把她锁在厨房里。听见那个房间里的动静，她却只能躲在角落里默默流眼泪。

她说这些都是她应得的。

我问她为什么这么说，明明自己是一个受害者，为什么要把罪责加在自己身上？

陆妈沉默了很久很久，说其实自己从一开始就骗了丈夫。两个人在结婚前，陆妈就已经得知自己无法怀孕，为了走进婚姻，她没有把这件事情告诉丈夫。婚后，两个人曾经去医院做过检查，丈夫得知这件事后，性情大变，开始变得暴虐，家暴也是从这个时候开始的。

她不敢提离婚，丈夫也不断折磨她，从精神、肉体上。

004

我突然有些明白陆妈口中所谓的"赎罪"是什么意思了，是她永远无法忘却的记忆里的伤痛。

故事的终点，是她丈夫因为一场车祸离开了这个世界，她独自生活至今。周围的朋友说她终于解脱了，但她仍旧难过。我问她究竟为何难过，她摇摇头，说自己也不知道，就是心里特别难受。

无声无息的痛楚会因为时间的流逝而变得模糊吗？这个问题，我们谁也无法解释清楚。

采访快结束的时候，陆妈嘱咐了我一句话，一定要把她的真实姓名隐去，按照她说的，这次采访最终使用了化名。

令我惊讶的一点，是这么多年过后，她渐渐开始愿意直面这块伤痕，愿意向他人诉说这段经历。她说理由很简单，只想给更多人一点警醒。

"现在网络这么发达，一点小事就能满天飞，这或许是保护自己的一种方式。但还是希望，这个世界上，承受这种痛苦的女孩子能越来越少。"

陆妈的这句话，我回想了一遍又一遍。

我想，再努力一点，在将来的某一天，那些痛苦或许真的会像陆妈小腿上的疤痕一样，确确实实存在过，而承受痛苦的人也会因为疤痕的存在而多了一些勇敢。

哪怕是一丝一毫也好。

星火送我一段话

001

二〇一七年十二月的某一天，因为机场人员罢工，我被困在意大利的一个中转机场，不知道飞往希腊的航班何时才能起飞。那个机场非常小，唯一售卖食物的区域坐满了人。

当时我和朋友在无聊地看着地图，就在这时，遇见了一位老爷爷和他的妻子。老爷爷夫妇几乎不会讲英语。忘记是什么原因，我们连比带画猜，"攀谈"了起来。他们夫妇俩来自意大利南部的一个小岛，这次来罗马是准备度假。大概也是等得无聊，老爷爷用纸巾告诉我们他有几个小孩，有一个很庞大的家族，他很可爱，还教我们怎么用意大利语说苹果、菠萝……因为不懂彼此的语言，我们经常面面相觑，但那几个小时却过得非常轻松和开心。当时我想，等我老了，也要带着自己的伴侣到处去旅行，好好看看这个一辈子只能来一次的世界。他们算是这次旅途中遇到的头两个陌生人，起初抱着戒备心，聊了几句后就卸下防备。聊天的时候，我觉得这一对老夫妇可真的太浪漫了，在他们的眼睛中可以看到幸福的光彩。后来想起，总觉得旅途中可以遇见这样的陌生人，倾听他们的故事，是一件幸运又珍贵的事情。

落地雅典已经是凌晨了，对于这个城市的印象似乎和那些背包客们的形容差不多，破败中带着一些沧桑，然而当地的人们却也幸福。夜晚，我和同伴走在去住处的路上，没遇到什么人，在路边随便找了一家餐馆来填饱肚子。

服务员给我们端来两杯酒，说是老板送的。对于这忽然而来的热情，我很高兴，但小酌一口，发现实在无法招架，怎么说呢，大概是工业酒精的味道。或许是因为初来乍到，我总是抱着小心翼翼的态度，尤其是当服务员送来酒的时候，我还犹豫再三。后来明白，这不过是当地人的热情，他们在用最淳朴最简单的方式招待来到自己国家的客人。

整座城市和古希腊文化遗迹融为一体，这些建筑有的得到了很好的维护，有的则被自然地遗落在城市的角落。当然，同样在角落的还有大量难民和无家可归的人。他们自然地在城市繁华的中心搭起棚屋。他们更加像是这座城市的点缀，路人会若无其事地经过他们，也有人会去给他们送饭。这个世界的伟大之处可能就在于，它允许任何一种生活方式、任何一种角色的存在。

恢宏的雅典卫城，透过石柱的阳光，还有那只懒洋洋的胖猫，是站在这座城市制高点看到的风景。我贪婪地呼吸，空气是由时间调制后的好闻味道。累了也没关系，就席地而坐，看看那寄居着生命的屋宇。脑子里是空白，只觉得这一刻的生命好像静止了，风景不必全装进相机，装进心里也很好。

这是我旅行中最喜欢的时刻，站在这些带着历史印记的建筑面前，静静欣赏，去品味它们经过风霜雕刻之后的样子，去回忆曾经在历史长卷中辉煌的时刻。

游览完雅典，我们去到了传说中的"度蜜月的蓝色天堂"——圣托里尼。我们住在一座叫作 Oia 的小岛上。因为当时是旅行的淡季，所以从 Airbnb 上只定了一间房的我们，意外地住到了一整套房。

看着这淡粉淡蓝的房子，觉得自己仿佛进入了童话世界。这个小岛没有现代发达的交通轨道，没有装饰霓虹的高楼大厦，只有猫猫狗狗和打开窗就是海、抬头看就是云的风景。

在小岛上遇见了一个小伙伴——一只不知道什么品种的狗。它估计有一定年纪了，身材过于肥胖。胖得有些走不动的它一直跟着我们，即便没有食物给它，它也不离不弃地跟着。后来停下来，看了看挂在它脖子上的牌子，写着"Homeless"，才知道它无家可归。大概这边来来往往的游客给了它不少吃的，所以它才长得这么胖。那天，我们在岛上转悠了半天，它也跟了我们半天。分别的时候，我对它说，我还会再来看你的。

同样的一句话，在某一个夜晚，在我看到圣托里尼夜空里漫天繁星的时候也这么说过。我说将来有一天，我会带着自己喜欢的人，再回到这里。走过曾经的路，然后告诉对方，你看啊，这是我二十多岁到的地方，如今我终于又回来了，还带了一个人。我想把我的历史，把我的曾经都一一讲述给对方听，告诉对方我为了等待这一刻，用力地一个人跋涉了许久。

002

在欧洲行流浪之旅的大多数时刻，我都是一个人，没有规划任何路线的游荡，只是好好地享受着世界陌生角落的美好时光。

我在冬季来到奥地利。

第一处留下足迹的地方有些独特，忘记是怎么进入市政厅内部的，进入的时候内部好像还在举办活动，我沿着建筑内部华丽的阶梯一直走。置身于有众多偌大的艺术品的场景中，闻到了历史的气味。静静地看头顶上的建筑花纹，看那些未亮起来的水晶灯，它们仿佛在诉说沉重的历史，就连楼梯里的红毯也在说一些庄重神秘的故事。

逛到市政厅后面的一家小店时，因朋友的提醒，才知道它曾经在一部非常出名的电影里出现过。小店里有着各种各样的东西，复古的质感让我驻足良久。老板则隐藏在某个角落，默不作声，像是这些艺术品中的某个组成部分。我读不懂那些老照片、老物什背后的故事，但我喜欢这种时间放缓的感觉，在此刻不求甚解，也在此刻触碰一些陌生的符号，我把自己从过去熟悉的生活环境中抽离出来。我想，这便是旅行的意义。

维也纳拥有各式各样风格的建筑，巴洛克和哥特式交织的建筑让整座城都充满厚重感。我在这些景观之中穿梭，漫步至深夜。彼时，圣诞气氛已经开始浓了，大大小小的圣诞集市被璀璨的灯光串联起来。每一个圣诞集市都像是一个可爱的世界，孩子们在草堆里打闹，还有旧物改造的旋转木马。寒冷在这里不再是寒冷，而是属于节日的幸福佐料。

　　当时我在逛圣诞集市时意外抓拍到了一张照片，一位卖花的婆婆在推销着自己手中的花，辗转了几位顾客，没有成功，这时一位看起来有些年纪的女士微笑着接过了花。看到这个瞬间的时候，并不知道她们在聊些什么，大概是有关花的话题。相机记录下的这一画面，在我的眼中，充满了优雅，令人感到如花朵般的平和与美好。你说它有什么伟大的意义吗？卖出一朵花，买到一种美丽的心情吗？我想是的，在这一瞬间，她们成为我眼中美妙的风景。

　　大多数人关于维也纳的印象，大概就是维也纳金色大厅。我很幸运地在圣诞节的节点，买到了一场音乐会的票。这里满目辉煌，大家着装郑重。在表演开始前，我拍下了一张图片，它后来也几乎成为我对维亚纳的标志性记忆。人类终究是渺小的，在这样辉煌的空间和震撼的演奏之中，是能很轻易被感动的。

　　从维也纳离开，乘坐火车抵达奥地利的另一座城市——萨尔茨堡。列车上，坐在对面的是一个光头大叔，全程很安静地看书。窗边是飞驰的雪景，我悄悄拍下这片刻画面。在这样的风景前，读一本安静的书，与目的地距离愈来愈近，是多么幸福的一件事啊。

　　这是我旅途中特别喜欢做的事情，遇见一些陌生人和他们沉浸的瞬间，相比那些美丽的风景，我更愿意用相机简单记录下这些平凡的时刻。因为在这些瞬间里，陌生人是美丽的景色，与他们的偶遇，影响着我在旅途中的心情，这和游览著名景点的感觉是完完全全不同的。

我住在有些遥远的汽车旅馆，要坐城市轨道去到萨尔茨堡的城堡。作为莫扎特的故居地，这里举世闻名，老城区有许许多多的店在售卖莫扎特巧克力。我选择在寒冷的冬天来到这里，在浓雾中爬上城堡，一步一步，看见越来越清晰的城堡与城墙。

俯瞰整个老城区的时候，仿佛身处于被世界遗忘的仙境中，我发现了他人堆砌的雪人，好几个依偎在一起，用和人相同的视线，凝视着整座城池。没有多少游人，我仿佛是迷失路途的冒险者，脚步落在雪地上发生窸窣声响。每一帧都是安静的，都让人难以忘怀。

这么多美好的景色，以及恰到好处的寒冷，如果在停下脚步的时候，可以有人分享，该是件多么美好的事情啊。对了，忘记说，我在欧洲这一年流浪生活里，最爱的烤肋条在这里的餐厅里分量特别足。

003

在旅途中，我突然领悟到一个道理：我们人这一生，会遇见爱，会遇见憎恶，会遇见孤独，会遇见性……我们曾经以为那些很难遇见的东西，其实都会在我们往后的人生中一一铺陈好，但当我们遇见了我们想要的之后，或许才会发现，原来这个世界，最难的是——了解。

可，无法遇到那难得的"了解"又何妨呢？我们还年轻，还一直在路上。这一路上的风景，分秒变幻，都透露出珍贵的信息，它告诉我们要继续坚持，变得勇敢，要让自己拥有更广阔的胸怀。

或许当某天我们真正地能豁达地拥抱这个世界，拥抱这个世界的形形色色时，我们也真正了解了自己。

又回忆起在挪威的一个夜晚，我看着城市的星火，脑海中浮现出这样一句话："茫茫人海，愿有人解读你的历史，分享你的风景。"

当你在此时此刻阅读这篇文章，看到这句话的时候，我希望我的历史能与你有关，抑或说，你可以从我的风景里，看到你所想要的东西。

成长的路程是漫长的等待，也是加速的飞驰。重要的是我们以什么样的姿态，和怎样的角度去看沿途的风景。当踏遍山河后，我们会更加成熟，也会在遇见那个愿意了解你的历史的人的时候，更加自信，更加沉着。

第三章

经历动荡，才能成长

当她恋爱时

001

我其实不知道天空的真实姓名，只知道她的英文名翻译过来就是"天空"的意思，所以我总是叫她的英文名。天空今年二十九岁，但是本人长得十分稚嫩、娇小，以至于第一次听她讲她的年纪时，我都不敢相信。

我跟天空认识源于我室友的介绍。我们的第一次见面是在一间酒吧里，她跳舞的样子着实可爱。酒吧的背景音乐音量很大，只有在彼此耳边大声讲话才能听清楚。当她在我耳边放大分贝介绍自己的时候，我感觉耳膜快要被穿破了。她说她曾经在我读大学的城市厦门住过一段时间，是为了躲避父母催婚。

二十九岁的天空，至今没有结婚，但却有过很多恋爱经历。她戏谑地说，她每结束一段恋爱，就会换一座城市。从前的她，在香港的天后站和恋人依依不舍地告别，在东京塔用记号笔涂掉锁上的爱心，在厦门的鼓浪屿给前男友寄过一份凤梨酥，而如今的她在爱尔兰的都柏林，开启了故事的新篇章。

我问她在这里有没有遇到新的恋情，她摸了下鼻子，说在她住的小区的亚洲超市里有一个收银员，她很喜欢那个男生，但是那个男生似乎对她没有任何感觉。

"谁叫我年纪一把了，小鲜肉怎么会喜欢我这样的大姐姐？"天空总是会用"一把年纪"形容自己，眼睛里却经常藏着对"年轻"的羡慕与怀念。

我回她，有很多人就是喜欢姐弟恋啊。天空摇摇头，说自己没那份幸运。

"我谈过姐弟恋啊，没有好果子吃。"天空又一次摇摇头，手指在半空中画了画。

她清楚地记得那个收银员男孩上班的时间，周一到周三上午十点到晚上九点，偶尔周日也会看见他。天空每次都会卡着男孩上班的时间去那家超市买东西。周四到周六，男孩不上班，所以天空写在购物清单里的东西往往会攒到周日或者下周一才进行采购。就这样，天空别有用心地策划每一次和男孩的遇见，虽然只能在结账时间面对面"交谈"几分钟，但她会因为那个男生的一个微笑而高兴一整天。

曾经试图去问对方有没有女朋友，当对方挠挠头说自己还单身的时候，天空别提多高兴了。

天空是一个非常主动、果断的人，遇见了自己喜欢的人，就会勇敢地迈出一步，这样的个性让她收获了很多美好的回忆，也吃了一些苦头。

天空约男孩出来，男孩很爽快地答应了。两个人似乎有一种默契。天空想，就算没有什么结果，当朋友也不错。第一次见面，天空和男孩去了一个公园，天空带了一些自己做的三明治，他们坐在草地上享用，偶尔会掰一些面包碎喂池边的鸭子。

天空能在男孩的身上找到一种校园恋爱的感觉，宁静而美好，没有任何复杂的算计。但第一次见面，天空也能感觉到那个男生对她并不来电，她把原因归咎为还不了解彼此，这是初次见面，是个人都会害羞的。

天空对于自己认准的事情总有一股子执着劲，尤其是在感情方面。当她认准了自己喜欢这个男孩子时，就会奋不顾身地靠近对方。

002

然而，并不是所有的奋不顾身都会有自己想要的结果。

有一天下雨，天空叫我去她家吃晚餐，她开了一瓶白葡萄酒，酒喝到一半，她突然停下筷子跟我讲，在追了男孩快三个月后，她终于决定表白了。

"也该表白了，毕竟都忙活了那么久。"我也放下酒杯，准备听天空的故事。

天空叹了口气："可是他拒绝了我。"

我问天空，理由是什么，天空说男孩还没有做好谈恋爱的准备，但她能感觉出来，其实他不喜欢她，所以找了一个或许不会太伤害她的理由。

我的脑袋开始迅速检索如何安慰天空的话，但天空却突然打住了我："别试图安慰我，你姐姐我已经身经百战了，这不算什么，要是我火力全开，拿下他不在话下。"说完这句话，天空一饮而尽，喝酒会上头的她，面颊开始泛起红晕。

按照天空的个性，这一次被拒绝并不是什么大的打击，反而让她越挫越勇。如果放在我身上，遭到拒绝的当下基本上就决定放弃了。我对天空说，我很佩服她对爱的执着，放在现在这个一切都讲究快速、讲究稳准狠的时代，真的很可贵。

"你看这个世界上有几十亿的人口，能碰上自己喜欢的人的概率太小了。我也曾经有过矜持的年纪，总觉得自己不应该是先说出口的那个人，可是这样反而让双方都陷入了互相猜测的境地。到现在这个年纪，能遇到自己喜欢的人，真的不想再因为那些假矜持而错失了。"

天空不但没有悲伤，反而跟我说起她接下来的计划。看着一个人为了追求爱而努力的样子，突然觉得温暖和可爱。

喜欢一个人的能力很重要，但是愿意主动去喜欢一个人的能力就更珍贵了。这是天空的一句真理，她总说我这个年纪肯定还不懂，只有活到她这个岁数，到了人生转折点的时候，才会幡然醒悟。

然而到最后，天空还是没能成功。

决定彻底放弃的原因，是她在街上看到了那个男孩牵着另外一个女孩的手。那个女孩比她年轻，比她长得漂亮，穿衣风格也是只有小女生能驾驭的。那天，天空像个变态似的尾随了两个人很久，她小心翼翼地跟在后面，时不时还要警惕对方是否注意到了自己。

最后，男孩和女孩回了家，天空就坐在马路边的公交站牌下面，待了许久。她看着一辆又一辆的公交车载着一群又一群的夜归人回家里。那一刻，谈不上悲伤，但到底是失落的。她的心里面突然萌生了一种感觉，她也想回家了。

天空忘记自己等待了多久，等到一辆公交车离开后，再也没有公交车开过来，才意识到那是末班车。她看了眼手表，已经快凌晨两点了。

天空开玩笑说，没想到签证快要到期的时候，恰好也是自己失恋的时候。那一天之后，天空的签证只剩下两个月有效期，之后她就要离开这个国家了。

我问她接下来有没有什么计划，她说恋爱是不可能了，可能真的要缓一阵子。当初天空选择来爱尔兰，也是因为她的前男友特别喜欢爱尔兰的风琴，于是她就到了这个国家，找了一个私人教师，开始学习这种乐器。到现在，天空已经可以完整地演奏好几首曲子了。

她说她一直在漂泊，在全世界漂泊。虽然起因是感情，但也不过是一个借口。她始终在寻找一种最适合自己的生活方式，在那种方式里，最好还有一个最适合自己的人。

她也数不清自己经历过多少段恋爱了，她只记得最刻骨铭心的一段感情，对方是一个旅行纪录片的导演，工作的内容就是全世界到处跑。他对她说，只有看了这个世界的广阔，才能意识到人的渺小；只有看到了这个世界的光怪陆离，才能找到真正的自己和自己真正想要的归属。

似乎是受到了启发，当年只有二十二岁的天空，辞掉了医院的工作，开始了在这颗蔚蓝星球上的漂泊。到现在为止，她已经去过了二十多个国家。

"所以你觉得你人生真正的归宿会是什么呢？"我很认真地问天空。

她摇摇头说："我认识一个女企业家，她四十岁那年才结婚。二十多岁的她，世界里只有拼命工作，她从一个小职员做到大中华区的总负责人；事业成功的那一年，她三十岁；但是直到她四十岁，她才遇到真正属于她的感情。她对我说，或许对于事业来说，她活明白了，但对于感情来说，她仍旧是个牙牙学语的小孩子。

"或许我人生真正的归宿，就是真正把人生的每一面都活明白的时候吧。当某天想要定下来的时候，或许也就是真的活明白了。

"或许等到我三十岁，发现自己还想漂泊，但身体却支撑不住了的时候，应该就会想回家定下来了吧。"

彼时的我，其实并不懂天空的那些道理背后藏着多少厚重的过往，但我能体会到的是，她似乎也在经历着人生中某个充满未知的过渡点。

或许未来的我，也会经历同样的时刻，在寻求久违的人生的平衡点，对万象的大彻大悟，对过往的放下与释怀。

失败的感情对于天空来说真的那么重要吗？并不，她只是想体味自己用心追求并获得反馈的过程。按照她的话讲，这是在企图体会自我，与真实的自己交流。

004

后来有一天，天空告诉我，她的下一站是新西兰，准备去那里继续一边打工一边享受生活的江湖漂泊。

"三十岁前的人才有资格申请这个签证，再晚我就没机会了。"

起程时间是明年的春天，天空说这期间可能会回趟家，看看自己爸妈，然后再出发去新西兰。她一边说着计划，一边畅想着自己在新西兰牧场里与牛羊为伍的生活，脸上是幸福的光芒。

我对天空说，接下来又是未知的新旅程了。天空冲我挤了下眼睛，说希望在那里可以遇到自己将来的老公。

我说会的，一定会的。我相信，当我再次听到她的音讯的时候，她一定不会再是一个人了。

这纷繁的世界，总有无数的人在启程，又有无数的人在归程。天空只是这茫茫人海中的一个，你我又何尝不是呢？

人生这一遭的意义，按照天空的话来讲，或许就是在真正"活明白"前那段漫长的蛰伏期吧。在羽翼未丰的时候与世界周旋，在人海中漂泊，在爱与被爱之间游转，放下自我，又拾起自我。

少年人不应怕

001

读大学时，有一次路过学校贴满广告的公告栏，看着一层又一层覆盖着的雅思、托福招生广告，当时心里特别不屑，总觉得将来绝对不会这样折磨自己，去考那些看起来对人生没有太多帮助的考试。

三年后，再路过那个公告栏时，才意识到当初的自己想法太简单。

那一年的秋天，我每天除了睡觉、吃饭、上厕所，剩下的时间几乎全部都投入学英语这件事。和许多同学不同，张口说英语的时候，我的脸上没有自信的微笑，而是拼命绞尽脑汁地在想，下一句我要怎么说。

大三下学期的时候，我常常陷入纠结中，

一直在心里做权衡，到底是该步入社会开始工作，还是在国内读研究生，又或是出国继续深造。

问询父母意见的时候，他们说："依你吧，无论做出什么样的选择，爸妈都支持你。"其实他们如此回答，原因有二：第一，他们是真的希望我能按照自己的意愿去选择，只要快乐；第二，他们不知以怎样的方式帮助我。

我最初想要上的学校是亚洲排名第一的新加坡国立大学，我对这所学校有着太复杂的感觉，喜欢它喜欢到把它的校园风景打印成照片，贴在墙上，每天以此激励自己。

一直以来，我都是个争强好胜的人，定下的目标就一定要完成。可是几个月后，我选择放弃去新加坡国立大学。原因很简单，那里没有我真正喜欢的专业。也是在那时候，我突然想明白一个道理，我不愿意牺牲掉自己真正喜欢的东西，去学自己不感兴趣的东西，否则就违背了自己当初决定出国深造的初衷。

最终在很多人的推荐下，同时我也搜集了很多资料，把目标转向了有着丰厚文化艺术历史氛围的国家——爱尔兰。

说实话，我是有点害怕的，因为对我而言，爱尔兰是一个完全陌生的国家，那里有着与我们完全不同的文化。我开始担心，自己是否能适应那里的生活。

但既然决定了，再多畏惧也要迎难向前。从准备语言考试，再到准备申校资料，看似很普通的两个环节，其实要倾注非常多的精力。英语不好的人要通过雅思、托福考试，首先要把自己过去所接受的传统英语学习模式扭转过来，其次是每天都要花时间去训练，以及适应。

再也不是敷衍地去应付期末考试，每当想到自己几个月后真的要在爱尔兰生活的时候，你会逼迫着自己适应，逼着自己把那些又长又相似的单词，一个个深深地印刻在脑袋里。

幸运的是，后来成功考到了目标分，努力总算没有白费。

原以为语言考试通过了，可以松一口气了，才发现准备申校资料的过程中还有许多烦琐的事情：需得准备一份出色的个人简历，一份优秀的个人陈述，还需要拿出一份能代表自己水平的作品集，在这一切的准备过程中，需要不断精心地去修正，并没有很轻松。但在准备的过程中，反倒能因为自己搞定了弄懂了某事，而收获满满的成就感与自信。

执着于某件事而为之奋斗，这样的时刻无疑是珍贵的，它像某个声音，催促着你继续全力以赴。

收到录取通知的时候，我和朋友正在去往长白山的高速路上。

看着学校发来的那封邮件，小小的"Congratulation"惹得我异常兴奋，心脏跳动都比以往快了几拍。

将喜讯转达给父母的时候，我爸笑了笑说，他知道我从来不会让他失望。

002

从爱尔兰毕业回国之后，我顺利入职了一家在行业里算得上是拔尖的公司。

面试的时候，有一个问题，我回答了无数遍：为什么会选择上班，这种朝九晚五按部就班的方式，你真的喜欢吗？为什么不去专心做一名作家呢？不管是层级多么高的管理者，还是同一时间入职的新人，他们都会充满期望地看向我，等待我说出一个答案。

无论听到这个问题多少次，内心都会滋生出一丝丝畏惧。

我过往的人生都太顺利了，写作、出书，就连对常人来说很难成功的减肥，也顺利地完成了。与同龄人相比，我拥有他人未曾拥有的人生体验，这些体验也逐渐在我心里面构筑起一堵名为"骄傲"的墙。

想要做到的事情，几乎都能全身心投入进去，绝对达成；想要得到的东西，就算不能完完整整地拥有，也至少八九不离十。但我反而不会为此自豪，相反，会越来越害怕失败，觉得"成功"是我生命中至关重要的事情。

正式进入职场开始工作之后，某种程度上削弱了我的这种"傲气"，生活告诉我，任何人都会经历落差与失败。

某个秋天，下着大雨的傍晚，我结束了出差。在回上海的车上，我问同行的老板："如果我没有做到，你还会给我第二次机会吗？"之所以这么问，是因为作为职场新人，老板却将一个很重要的项目交由我来负责。其实我懂，于她而言，这是一个充满风险的决定。所幸的是，我顺利地完成了，虽然不算足够出色，但也过了及格线。

不抱期许是假的，我特别希望在复盘会上，凭借着出色的表现获得掌声，同时，想必老板也希望能从一个新人身上看到惊喜。于我而言，当抱着期许去竭力完成一件事的时候，会更加看重结果，倘若有一点偏离，便会感到沮丧。

本以为老板会给我一些温柔的鼓励，但她在听完我的问题后不假思索地摇摇头，说："如果你做不好，我会把机会给下一个人。工作不是学校考试那么简单，考不过还有补考的机会。"听她说完，我突然很庆幸，至少我把接手的工作顺利完成了。

通过这次，我习得了一个很重要的本领，那就是"给自己勇气"。

我不能说它是应对"失败"的最合理方式，但至少我好像可以通过这个途径，来控制自己的情绪了。尽管她的回答很尖锐，但也是我喜欢的方式。因为，我也不想在成人俱乐部里，被当作一个需要哄着的小孩子。

当懂得如何去同"恐惧和挫败感"相处之后，会发现人生中很多死结都有了疏通的可能。期望着喜欢的人也可以喜欢自己，传递同等的好感。期望着朋友可以一直长长久久，一起前行的道路没有分叉口。期望着所有虔诚心愿都可以实现，雨天的日子总是刚好带了伞。

当期望无法逐一满足，那落空的期待，其实可以被温柔对待，只要我学会与自己和解，仍旧心怀希望，充满勇气地去重启每一次的可能性。

这样说与这样做，并不是在降低自己可接受的阈值，而是捡拾起每个少年都应当刻在骨子里的骁勇，用尽全部力气去争取去努力，去打败畏惧。我当然知道，这不是一件简单的事，但至少，在每天行色匆匆的办公楼里，有无数人在用他们的亲身经历教育我。

那天出差结束，回到上海后，跟老板一起简单吃了晚餐。告别的时候，她对我说了这样一句话："但至少我没看错你，机会应该给你，因为你值得。"

我想，或许这也是自己想要勇敢闯进这个成人世界里的真正理由。

说完，她冲我笑了笑，然后钻进出租车里。淅淅沥沥的雨声，似乎是远方传来的奏响，撩动着我的神经，在背景音的衬托下朝我说：

"谢谢你够勇敢。"

003

时至今日，依旧能回忆起一个人在寝室里挑灯夜战学雅思的时光。但当我回头看的时候，却心生感慨，值得。

时至今日，也依旧会在职场上许多没有安全感的时刻，回忆起那场雨中的自己，他人对自己说过的话，以及，自己默默下定的决心。

这些细碎的瞬间，都在告诉自己，不要想着逃避。并不是所有的避开，就会让接下来的人生不碰壁。躲闪过后或许一马平川，但接下来的人生并非如想象中那样完美。

或者说，更多的是"不甘心"。

活在时间差里的我们，永远不可能知道自己将来会走向何方，但我们应该明白的是——

朝着它少年应当有勇往直前的魄力，不要畏惧，不要犹豫。只要认准了，就竭尽全力地去努力，无论结局如何，你付出的努力永远不会被清零，在将来的路途中，它们会变成光，一点点照耀你的前程。

失恋事小

001

一个人需要多长的时间才能走出失恋的阴影呢？

大概一个月，大概一年，还是更久？

但因为失恋而陷落消极的那段时光，给人带来的改变，很难被摆脱掉吧。

有的人为了消散它、离开它，花了一个月，花了一年……而有的人却再未将它从自己的生活中剥离出去。

002

K是我大学四年的室友，一个宿舍里，

只有他不是单身。

女朋友是他的高中同学，两个人本来约定好考同一所大学，但是因为分数的原因，最后两个人考去了同一个省，却在不同的市。

异地恋该有的样子，我在 K 身上都看到过。

K 和女友两个人特别甜蜜，每天晚上都要通话长达两三个小时，K 常常会去阳台上跟电话那头的女朋友你侬我侬，因为宿舍隔音效果不好，K 跟女朋友说的那些话都被我们听得一清二楚。

我们三个"单身汪"会在他打电话的时候，在房间里咯咯地笑。

K 跟我讲过他和女朋友是怎么在一起的。

高中那会儿，班主任突发奇想，想了个"一帮一"的制度，让班级里成绩相对较好的同学帮助那些后进的同学，两两组队。

K 就这样和他的女朋友组成了一队，两个人相处的时间也因此多了起来。那时候，女朋友的成绩不大好，K 牺牲了很多时间帮她补习，多亏了 K 的帮助，最终高考的时候，女朋友成功考上了一本。

所以，算是一对非常让人羡慕的情侣吧。和那些青春小说里写的情节大体相似，男主角和女主角在高中因为缘分相识，一起努力考进大学，然后在大学生涯中继续守护着彼此。

只是现实和小说仍旧有着区别，现实中的 K 并没有小说男主角那般英俊帅气，相反，他是一个身材臃肿、眼睛小小的男孩儿，所以第一次看到 K 的女朋友时，我们都很惊讶，K 是怎么搞定一个这么漂亮的女孩的。

第一次见到 K 的女朋友是在大一的一个节日长假，K 带着女朋友来学校参观，还带进男生宿舍，介绍给我们认识。

女朋友留着一袭长发，身材纤细，长相甜美。初次见面时，满脸的害羞，躲在 K 的身后，有一搭没一搭地跟我们聊天。

K 和女朋友的搭配，让我们觉得有些难以置信，但两个人相爱时甜蜜的表现，却又让我们艳羡不止。

像所有正在异地恋的小情侣一样，他们每天用手机维系着感情，偶尔会去到对方的城市短暂相逢，虽然辛劳，却也很幸福。

K 的女朋友担心有时候联系不上 K，还加了我们所有室友的微信，没事的时候会送给我们一些她自己制作的小礼物，我们都觉得她是一个非常贴心又聪明的姑娘。

003

可这份感情有一段时间突然在我们所有人的生活里销声匿迹了，原本高调的他们，再也没在我们的朋友圈或者生活圈中秀过恩爱。

那段时间，K 依旧偶尔会在阳台上跟女朋友通电话，只是聊着聊着就哭了起来，我们几个人问他怎么了，K 只是淡淡地说一句没事。

有一次深夜写稿到很晚，再加上那段时间总是失眠，所以躺在床上许久也没办法入睡。在两个室友如雷鸣一般的鼾声中，我听见了 K 的啜泣声。

连续不断地，能感觉出来他在极力克制住自己的声音，却没办法彻底把哭泣的声音压到最低。

我想要问他怎么了，但最终还是没有这么做，或许选择夜深人静时哭泣，就是害怕被别人听到吧。

那段时间，似乎我们宿舍所有人都察觉到了 K 的不对劲，每个人都在安慰他，但这些安慰并未起到什么实质性的作用，K 的精神仍然萎靡不振。

直到有一天，在朋友圈里看到了 K 的女朋友和另外一个男生亲昵的照片，我们才后知后觉这段时间到底发生了什么。

K 和他谈了快两年的女朋友分手了。

K 曾经消失过一个星期的时间，我们所有人都不知道他的去向，正当大家因为担心犹豫着要不要把这件事情告诉辅导员的时候，K 又突然回来了。

他买了两大袋的零食，堆在自己的书桌旁边，接下来的一个星期，没有出门，靠着这两大袋子的零食挨了过去。

有一次我偷偷找 K 谈心，问他究竟怎么了。

K 再三犹豫之下才告诉我，原来女友当初跟自己在一起一直有着别的意图，无非是想让他帮助她把学习成绩提上去，等到上了大学认识了新的男生，便毫不犹豫地把他踢开了。那些曾经秀的恩爱，不过是为了营造一个"我有人爱"的假象。

之前，我完全想象不到那个长相甜美的姑娘竟然会做出这样的事情。

我理智地要求自己不去相信任何一方，毕竟感情中的纠葛只有当事人清楚。我尝试着安慰 K，说着些"天涯何处无芳草"之类不痛不痒的话。

失恋过的人都知道，这个时刻的安慰很重要，但又没那么重要，想要真正走出来，还是要靠自己。

004

然而，对于 K 来说，这个"走出来"的过程并没有那么容易。

K 开始将自己封闭起来，不再像原来那样与我们聊天，更多的时间是自己一个人，我行我素、独来独往。

他开始翘课，必修课、选修课统统不去，开始迷恋上网络游戏，除了睡觉，时间几乎都用在了游戏上，甚至连吃饭的时间也在玩游戏。

我目睹了 K 的头发从短寸长成了艺术家般飘逸的长发，那段时间，他过着暗无天日、昼夜颠倒的生活，每天的三餐简化为一餐，靠外卖解决，剩下的时刻，如果肚子饿，就从一大箱方便面中抽出一包来打发。

学科作业不交，期末考试也不去。不知道的人，以为他休学了。辅导员来过宿舍几次，每次 K 表面上都保证得好好的，可第二天又恢复了原来的状态。

期间，K 因为晚上不睡觉打游戏弄出的声响太大，还和另一位室友发生过几次口角。

所有人的劝说都没有用处，K 沉溺在失恋带来的痛苦中，这种痛苦延续的时间太久太久，久到习以为常。后来我们所有人也渐渐习以为常，没有人再试着去劝解他，去改变他。

只是每次想到最初认识 K 时的样子，心里难免会觉得可惜。

曾经的 K 会因为女朋友为他亲手做的一个小蛋糕而高兴很久，他的生活因为这份美好的恋情而充满幸福的味道。

而现在，陪伴他的只有游戏里疯狂杀戮的英雄与怪兽，生活的颜色变得单调晦暗。

005

说到 K，还想到身边有一位朋友，也有着相似的境遇，暂且称为 W 吧。

W 是一个家境优渥、长得也很帅的男孩子，大一的时候还被评为我们学院的"院草"。

我和 W 认识是因为我们曾经都在校学生会工作过一段时间，那时候的 W 是个很热情、很积极的男生。不错的外表加上友善的性格，让他在异性当中非常受欢迎，同时追求他的女生都有好几个。

当时一个跟我关系不错的女同学，一直拜托我帮着追 W，我想方设法地给他们创造机会，但 W 的反应很冷淡，女同学最后只好选择放弃。

有一次聊天，我问他是不是眼光太高，周围的姑娘谁都看不上。他摇摇头，说他一直暗恋着一个姑娘。

听 W 简单描述过那个姑娘，是高中参加英语辅导班认识的，成绩非常棒。当时 W 一直努力地追求她，但姑娘一直没答应，说要是他能跟自己一起考到复旦大学，就同意跟他在一起。

因为这一句话，W 开始很认真地学习，本身成绩不错的他最后几次模拟考试的成绩都成功超过了复旦大学往年的录取线。然而世事弄人，高考的结果是，W 喜欢的姑娘成功考入了复旦，但 W 却因为几分之差没能如愿。

W 一直想着要再复读一年，但父母不同意，他只能放弃这个念头。但 W 深知，他依旧放不下对那个姑娘的喜欢。

后来学生会换届，我们俩都离开了。因为分属不同的专业，从那以后，我便很少与 W 联系了。偶尔在宿舍楼的走廊里碰见，会打个招呼，问问近况如何。

忘记是从什么时候开始，便很少看到他了。有一次夜归，恰好撞见他坐在楼梯上抽着烟。

昏暗的灯光中，可以看见他的胡子、变得很长的头发、邋遢的衣着，像个流浪汉似的。跟他打招呼的时候，能闻见他身上浓重的酸味和烟味。

他仿佛变了一个人似的，和当初那个帅气的少年截然相反。烟从口腔中吐出来的那一瞬，像个苍老的中年人。

我不知道他的身上发生了什么，是否也像 K 一样遇到了让自己难过的事情？后来从朋友的口中得知，他变颓废的原因好像是自己喜欢的姑娘脱单了。

和 K 的状态有着重合的地方，W 也彻底地从熟悉他的人中消失了，每天宅在寝室里，不去上课，终日与游戏厮守，饿了就吃泡面、点外卖。

后来又碰到过 W 很多次，大多是他在走廊里徘徊，手中拿着烟，头发很长，眼神中全是疲倦，几乎没有笑容。

每次想到那个画面，我心里都会感到一阵可惜和无奈，可惜是因为看着一个人从高处坠入低谷的变化，无奈是我就近在咫尺，却无能为力，没办法帮他。

或许，有的时候，掌控人生总归是一件不容易的事情吧，那种力不从心的感觉就像一块石头，将一个人重重地压垮。

006

记得之前看过一部电影，讲述一个辍学在酒吧打工的女孩，过着糜烂的生活，每天与酒鬼厮混在一起，夜晚疯狂，白天就拉上窗帘，昏睡在自己的小房间里。

而远在乡村的父母，一直以为她在认真念着大学，每天满怀希望地畅想着女儿在大都市里的生活，全然不知女儿早已经离他们脑海中幻想的美好画面越来越远了。

后来，一个男孩的出现，改变了她的生活。

他带着她领略清晨日出时的美好，去大学里的图书馆看漫画，帮她辞去了酒吧的工作，又帮她找了一份便利店收银员的活。

就这样，姑娘在男生的陪伴下，渐渐从过去糜烂的生活中抽离出来，重新回到了校园。影片的结尾，是那个男生在对姑娘告白，在樱花树下，淡然而美好，在女孩点头答应对方的那一瞬间，故事戛然而止。

当时看这部电影的时候，想到原来爱情能给一个人带去的改变，不仅仅在于感受到爱情甜蜜的本身，还在于一方给另一方带去的对生活的希望和激励。

或许失恋是让一个人陷入消极的根源，而重新张开怀抱，去拥抱身边在乎他的人则是从困顿中走出来的第一步。

我曾有过一个想法，那就是 K 或者 W，其实早已经从泥沼一般的失恋困境中走了出来，只是还未从泥潭一般的生活的惯性中挣脱出来。

这种惯性会像橡皮糖一样紧紧黏附着他们，需要一个新的灵魂出现将橡皮糖与他们狠狠地割裂开。

转念一想，那种惯性已经将他们的生活紧紧封锁了起来，没有一丝光线可以透进去，又怎么会有一个人能够打开他们的心扉呢？

掌控自己的生活，真的是一件很难的事情啊。

但我还是渴切希望着，某一天，再次遇见他们的时候，我可以看见他们的世界里，窗帘被拉开，栅栏被推倒，阳光能照进去。

不后悔失去，也不畏惧将来

001

　　九月的最后一天，特别热闹。来了许多不认识的叔叔，一桌子人叽叽喳喳地讲话、碰杯。不断有人敲门进来，桌上又添了几道菜。叔叔们的方言，我甚至不懂，只知道他们似乎都喝醉了，起身举酒杯的时刻，他们的脸涨得通红。

　　是高兴的时刻，有人从身后掏出了一盒月饼，说是中秋要到了，送来节日礼。嘈杂的氛围让人的耳膜嗡嗡的，叔叔们的香烟烟雾在天花板缭绕着，给人似曾相识的感觉。

　　若不是微波炉那"叮"的一声，我还以为自己正在家里过节，亲戚们耀武扬威地比酒，饭桌上聊着些上天下地的话题。也正是从微波炉里拿出来热气腾腾的米饭时，才意到这里并不是我的家，只是暂时租住的出租屋。

来都柏林有一个月了。

朋友圈里很多人晒了回家的机票或者旅行的航班。"你们放假的时候，我还在上课呢。"回复完国内朋友的消息，不知道怎么回事，觉得自己好像真的从原来的生活中剥离了出来，体味着前所未有的经历。

002

上周去参加都柏林本地一家公司的面试，面试的时候被问到了这样一个问题：你为什么要选择出国？

老生常谈，我像背古诗一样地说出烂大街的理由。我说，我出国是为了逃脱原有的舒适圈，去寻找人生一些新的可能性。

在公司结束面试后，我去超市买了接下来几天的食材，还给电话卡充了值，回家的路上看见两个人在吵架，争执的声音整条街的人都能听见。我小心翼翼地提着一盒鸡蛋回到家，煮上米饭后便回房间看书。第二天课前要预习完的论文，我只看了个开头。我掐好时间，煮好米饭立刻从锅子里舀出来，不然等到房东回来，会给他造成不便。

看论文到傍晚七点多，眼前密密麻麻的英文仿佛变成了一群细小的蝼蚁，眼睛很难再聚焦。我仔细地听了一下厨房里的动静，听到了房东一家已经用完厨房后，我才去做饭，因为总是一个人吃，就算是买了小份的蔬菜，也要几天才能吃完。随便做了几道快手菜，着急填饱肚子。做饭的时候，耳机里播放的是今天上午的课程录音，老师的语速极快，很多地方都没听懂。

手上机械般地炒着菜，脑袋里想的是如果今晚看不完老师布置的论文该怎么办，将近四十页的英文论文，让人脑瓜疼。

我叹了一口气，这就是所谓的"逃脱原有的舒适圈"吗？

003

来这边读书快一个月后，才惊觉在国内念大学的时光简直犹如在天堂。一节课四十五分钟，即使偶尔走神也没关系，课下的作业时有时无，考核的模式也十分单一，只要考前稍微用力，总会通过的。而这里截然不同，一节课长达三个小时，只在中间给十几分钟的休息时间，对于我这种刚出国念书不久的人而言，要在很漫长的一段时间里，保持着高度集中的注意力，就像兔子要时刻把耳朵提起来一样，因为稍微一走神，可能就不知道老师在讲什么了。

有时候会羡慕那些外国同学可以很自信、流利地在课堂上跟老师交流，起码在同学们抖大家都听过的笑话包袱时，也可以跟着哈哈大笑，而不是只有一脸的茫然和苦涩。

当我意识到学术课堂对我来说仍旧有着难以言说的压力时，就会开始怀念过去那些习以为常的生活状态，也会自责当初自己想得太过天真，这里的难与苦都是自己之前从未预料过的。

生活的大部分时间被学业占据，昨天一整天跑了三个讨论小组，全天最后一节课刚结束，顾不上吃晚饭就要跟组员开始分工讨论，这个小组刚结束，立马又抱着电脑背着书包赶去另一个小组。从下午一直讨论到深夜，一帮人拿着笔在会议室的白板上写写画画，上个方案不合适，全部推翻重新想。其间实在饿得不行了，才下楼去便利店买点东西，热食的柜子里只剩下了一包孤零零的烤吐司，上面的标签还写的是"Breakfast（早餐）"，面包已经失去了水分，但除了它，也没了别的选择。

讨论结束时已经是晚上十点多了，我们并不是整个商学院教学楼走得最晚的小组。小组里的同伴看了看手机上的时间，惊讶地跟我说，我们竟然足足讨论了六个小时。

我苦笑，安慰着说："The first step is the most difficult one to make.（万事开头难。）"

走回家的时候，在路上遇到一个酒鬼飞快地骑着车闯红灯而过，经过我面前的时候骂了一句脏话。

说实话，在他飞速消失后，感到愤怒的同时，我的内心也泛起大片大片的失落。

果然，走出去之后，才真正明白那句"外国的月亮其实并不圆"的意思。

十一点才到家，已经来不及做饭了，只好去中餐馆打包晚餐，进到店里发现刚好剩最后一盒饭的时候，感到一丝庆幸。老板娘问我为什么这么晚才吃饭，我说因为放学后小组讨论到太晚，没想到对方竟然帮我多打包了一份小菜，她把餐食递给我的时候，我的心里滋生出一股暖意，除了感谢，真的不知道该说些什么做些什么，只好从钱包里拿出了一枚硬币当小费。

这种不经意间的温暖，真的可以直击人心。

004

看不完的论文，即使昏昏欲睡也要强忍着听下去的课堂，永远讨论不完的小组作业，还有那细细碎碎的生活，以及生活中那不知道是愤懑还是温暖的无数个下一秒，一点一点织出了"舒适圈"之外的生活。

"没办法，这是我的选择。"在无数有点畏惧的时分，我都会重复这句话。当你在这个陌生的时空里渐渐明白了"活在当下"的重要性时，真的会发觉，原来有些自己在乎到斤斤计较的东西，渐渐也变得没那么重要了。

我想这或许也算是对"寻找更多可能性"的一种解释吧。

因为学业的压力，一向日更的公众号已经连续几次陷入断更的境地。公众号停更的时候，看着后台急转直下的订阅量和阅读量，我常常会想，我这个选择真的值得吗？换句话说，这个选择真的成功地说服了我自己吗？

如果没有来到这里，我会在国内继续过三年舒舒服服的研究生生活，或者找到一份工作，开始进入社会，经历成人世界的快乐或是残酷，或许我会赚到更多的钱，我会有更多的时间写东西，我会有更多的读者……

这些利好反复地在我脑海里一遍又一遍、翻来覆去地温习。有时候一早醒来，看着窗外灰蒙蒙的天空里飞过的鸽子，总觉得自己活在了幻境中。

但我还是掐着时间起床洗漱，匆匆做完早餐，收拾好书包，疾行在去学校的路上，在风中逆行，然后一身热与汗地坐定在教室里。

我看着周围不同肤色与陌生的面孔，听着陌生的语言。

或许这最后短暂的学生生涯，其实不是一个逃避或是寻欢的寓所，而是等待着我去发现一个真实的却被忽略已久的自我"检视厅"。

所以，我不后悔我的失去，也欣然接受接下来所有的未知。

Don't judge，酷一点

001

　　毕业季，我的一个朋友跟她室友闹翻了，那天她把这事告诉我的时候，我还惊诧，一向包容心、忍耐力特强的她，怎么在这个节点跟室友发生了这档子事？

　　朋友说，不仅仅是她，整个宿舍都跟她室友彻底划清界限了。

　　我问她到底怎么回事，朋友特别失落，说怎么也没想到，自己在信任了四年的好室友好闺密的心里面，竟然一文不值、令她唾弃。

　　其实这位朋友的室友，我也认识，大家都是校学生会的成员，算是在一个圈子，彼此熟络。在我眼中，她是一个特别文艺、有个性和有追求的姑娘，虽然很爱对一些人和事评头论足，但我也将其大致归类为小女生的某种个性，无伤大雅。

可是，当我从朋友口中得知事情的原委后，我竟有些诧异。

事情特别简单，室友的为人处事原则是当面一套，背后一套，特别喜欢和别人背地里议论我的朋友。我的朋友因为特别信任她，所以与她分享自己所有的小秘密，两个人在一起的时候，彼此都觉得对方是难得的闺密、知己。

未料到的是，大多时候，朋友刚讲完的秘密，她的这位"好闺密"就会立刻告诉其他人，转述的时候往往添油加醋，随意把自己的价值与判断加诸其上，不知道真实情况的人，被她的转述彻底洗脑，导致我的朋友在许多人心中的印象也跟着打折扣。

其实，人与人之间的矛盾往往并非由单方面的过错而产生，而是两个人彼此介意的细节一点点堆叠后爆发。我反问朋友："是不是也有你自己的原因？"

朋友说，这位室友在她面前同样也讲人的坏话，爱用自己的价值观牵引着她，让她在心里形成对被议论方负面的评价。

002

朋友 A 一直在追求喜欢的学长，两个人最后成功走到了一起。这件事到了室友的嘴里，变成了：朋友 A 恬不知耻，厚着脸皮，学长实在没办法才答应的。

朋友 B 费了好大的劲考过了雅思，才拿到了剑桥大学的录取通知书，到了她的嘴中变成了：考了好多次都考不过，最后只好花大价钱买了答案，即便被录取了，还是剑桥大学里特别水的一个专业。

朋友 C 和男朋友谈了好久的恋爱，最后因为男友劈腿而分手。她却跟别人说，C 跟前男友不过是肉体关系，男友利用完了消遣完了，自然就扔了。

……

听到这些事情，我的心里是抑制不住的惊讶。当朋友说到，甚至连我也曾经被她添油加醋地评价过时，心里的愤怒快要跑出嗓子眼了，但转瞬又变成了无限的哀悯。

按照朋友的描述，我在那位爱评价他人的室友眼里，无非是一个一辈子红不了的写手，写出来的都是垃圾。

她说的时候，我的脑海里出现一个画面：那是大一，有一次我们偶然聊到了卡夫卡，聊到了契诃夫，我们交换彼此的习作，互相勉励的同时提出建议。那时候她的眼睛里满是真诚，让人忍不住想要打开话匣子。

可是，你能想象到吗？就是这么一个你以为认同你的人，竟然会在转身之后，即刻面不改色地在他人面前这样评判你。

当你不喜欢、不认可一个人的时候，可以选择远离、忽视，为什么要去歪曲事实，用自己的观点去随意地评价对方呢？

有些人演技太好，当她以为自己骗了所有人，却未曾料到，这些恶毒的言语正一点点变成匕首，狠狠地朝她刺来。

纸包不住火，这一天终究还是会来，她会跌落于众人的唾弃之中，被口水淹没。

这个姑娘做的这些事情，最后还是被所有人知道了。室友跟她闹翻，最好的朋友拉黑了她的微信，就连勉强作为旁观者的我也不愿意再多看她一眼。

003

有时候我会想，我们所做的这一切对她而言是不是过于残酷了？她一个女孩子，成了所有人隔离的对象。但转念一想，这或许也是一个教训、一个警示，让她知道真心不是靠评价他人得到的，友情更不是靠贬低别人、拉帮站队而拥有的。

你怎么对别人，别人就会原封不动甚至加倍地还给你。这是老生常谈了，但仍旧有那么多的成年人，不懂这么简单的道理。其实我们身边，甚至我们自己，都会有很多时刻陷入随意评价别人的牢笼。

任何人都不应该成为你跟别人八卦时嘲笑的对象。

那个异性缘好又开朗大方的女孩子，不应该成为你口中所谓的"心机女"。

那个在努力追逐自己梦想的人，不应该被你蔑视成急功近利、不自量力。

别去做一个强行把自己的价值观附加于别人身上的人，更别因为自己抱有某些不单纯的目的，而把事实歪曲成令人恶心的模样。这个世界有时候并没有我们想象的那么不堪，而是我们自己太过于复杂。

单纯一点，善良一点，真的有那么难吗？

孤独的背面

001

又一次来朋友家涮火锅了，我们四个人买了很多的肉和蔬菜，朋友还献上了祖传的火锅底料。开涮前，朋友吃了一根雪糕，说是开胃。他边吃雪糕，边等着水开烹炒火锅底料，我在客厅里写东西，火锅底料的味道传到房间里来，肚子被馋得咕咕叫。

我戴着耳机，耳机里是轻柔音乐，朋友们在厨房里叽叽喳喳，说着今天去超市买了哪些菜，偶尔会聊一些圈子里的八卦。其间还有碗碟碰撞发出的清脆响声，那一瞬间我觉得仿佛在家过年一样——大人们在后厨里大声地聊天，菜下锅的时刻，锅底发出滋滋的响声。

每一次和朋友在一起，都像是过年。这是留学期间与朋友小聚带给我最大的感触。

我租住的第一处住所在市中心，是一个单人间，窗子背阴，阳光通常需要折射到对面的墙上，才能照进我的房间里。起初我会试着安静地待在房间里，但久而久之，发现这样会让自己变得抑郁。都柏林又时常会有阴雨天气，一旦下雨，房间的阴沉就会让整个人失去力气一般。

雨天适合睡觉，可是我在床上翻来覆去就是睡不着。

这个被我称为黑暗的时刻，常常需要一头扎进图书馆来消解。我会在图书馆里待很久很久，然后去健身房，最后背着夜色回家。有的时候一整天不会跟别人讲一句话，也没有机会讲，只是兀自走自己的路，吃自己的午餐。无人过问，也懒得去引得什么关注。

我总能体会到一种感觉，那便是孤独。

记得有一天在图书馆赶论文，离开的时候已经凌晨一点了。我饿得肚子痛，必须要吃点东西来缓解，可家里的冰箱什么都没有，只有去街上的快餐食品店觅食。令人惊讶的是，肯德基、麦当劳、汉堡王全都排起了长长的队伍。实在等不下去，便想着去我家楼下的那家中国超市随便买点零食。

最后，我走向了楼下的那家土耳其餐厅。餐厅临近打烊，我是最后一个客人。我跟负责点单的服务生说，我真的要饿死了，麻烦随便帮我做些吃的。没多一会儿，他端上了一份炸鸡翅和汉堡。当接过食物的那一刻，我仿佛又活了过来，给了他小费，临走的时候，他祝我有一个愉快的夜晚。

回到家，甚至连手都顾不上洗，坐在地毯上便开始吃起来。深夜里一个人吃炸鸡，虽是高热量的食物，但心里是满到要溢出来的幸福。

这是我一个人生活常有的状态，经常会忙到顾不上吃饭，在睡眼惺忪中赶路去教室，小组讨论时常到晚上九点，再拖着疲惫的身体回家。

有时候也会想，当自己结束疲惫的一天时，可以听到一句问候的话该多好啊。然而事实是，每天到家推开门的那一刹那，是空荡荡的房间。夜色低沉，没有留灯的人，开灯的人是我自己。

我到底还没有适应孤独。

002

二十多岁的年轻人，孤独的生活是常态。究其原因，大概是因为没有找到填补的东西。

可需要有人陪的时候，也不能去麻烦朋友。别人也有自己的生活，不能因为自己感到了孤独就去打扰别人的生活。所以，除了偶尔约朋友一起去酒吧或看电影，大多数时候还是自己。

我想我必须要学会独孤地生活。

我练就了冬日迅速夜归的本领，就算在图书馆待到深夜，也可以迅速地步行回家；我学会烹饪了更多种类的菜肴，买菜、洗菜、炒菜，一整套流程下来，一个周末的下午就过去了；我也更加珍惜和朋友们相处的时光，会真正享受每一个和朋友们在一起的瞬间，因为我知道这种时刻，会随着大家一个个回国而越来越少；我开始到世界各地去旅游，法国、瑞士、意大利、荷兰、挪威、土耳其，常常一个人买了票就背着包出发。

其实别看我二十多岁了，但我还没有正儿八经地谈过一次恋爱。我总说自己单身了二十多年，孤独了二十多年，但过得也蛮不错的。

这不是借口，也不是自我安慰。当我在希腊的圣托里尼看见满天的繁星，当撒哈拉沙漠的沙子穿过我的指缝，当荷兰红灯区的人头攒动在我的眼睛里变成闪烁的风景，我意识到，一个人在这个世界面前的渺小。

相比之下，灵魂孤单出现的概率总是高的，因为这样才映衬出相遇和相知的不容易。

很多留学生出国后的第一件事就是找对象，从某种角度上理解，也是在寻找一种安全感。到爱尔兰的前三个月，我过着极度不适应的生活，不喜欢这里的白昼极长、黑夜极短，不喜欢这里的天气，不喜欢这里的一切。

三个月之后，我发现自己可以熟练地应对着多阴雨的天气后，我意识到，自己逐渐适应了这里。

适应孤独，学会与孤独相处需要一个过程。我们需要去战胜一个人时的空虚，去面对那张狭小的窗户里透射出来的微弱的阳光。

也曾有过离爱情很近的瞬间，但是我们没能走到一起。

那段时间，身边的朋友们估计要被我烦死了，因为我的话题终日离不开这段失败的感情。我是一个有点爱钻牛角尖的人，常常陷进了感情问题就很难走出来，幸好朋友们在我最脆弱的时候，给了我极大的安慰。

他们的方法各不同，有的试图言辞激烈地骂醒我，有人温柔鼓励，希望能让我慢慢走出来。但沉浸在当下的我，无论如何都没能成功说服自己。后来，有个朋友跟我说，从挫败的感情中走出来的最好方式，或许就是一个人上路，来一场说走就走的旅行。

在这句话的影响下，我买了去土耳其的往返机票，开始了人生当中第一次独自旅行。

或许也正是因为这一场旅行，让我体会到了即便是单身，孤单的另一面写着的也是自由。那个意识到孤独是任由自己释放自由的片刻，是我开始学会享受孤独的开端。

在壮观绚丽的风景面前，我会想，我一定要好好收藏这些风景，所以我戴着耳机，在最适宜的背景音乐下用眼睛记住当下的景色。我不仅仅想要将这些风景记录在我的手机相册里，更多的是记录在我的青春岁月里。我会想，等到将来，如果真的遇到了某个人，一定要把自己曾经走过的路、看过的风景一一分享给对方。

从适应孤独，到享受孤独，是这次旅行教会我的。在这里，我认识了很多当地的朋友，他们带我去吃了最正宗的土耳其烤肉，喝土耳其咖啡。我还认识了一只很可爱的小狗，它的名字叫 Sasha。

004

曾看过这样一篇文章，里面提到了这么一个观点：大多数人并不是畏惧孤独，而是觉得自己凭什么孤独。我一度也是这样认为，会觉得为什么自己会是那个"幸运儿"，被老天选中，一个人承受那么多艰辛、苦寂的时刻。但后来发现，其实并不是老天选中了我，而是我自己选择了去接纳这份孤独。

只因大多时候不愿将就，所以才一个人穿越四季，走遍大街小巷。

所以，孤独究竟是什么呢？可能是一个人吃饭，一个人看电影，一个人去看病……当你经历过这些后，你会发现这其实也没有什么。当你真正迈出了第一步，沉浸于美食，拿着电影票被屏幕中的剧情吸引的时候，你会发现就算一个人，也可以过得很好，也可以享受每一个当下。

我依旧会羡慕那些有人陪伴左右的人，但我不会再抱着强烈的渴望一定要找到某个人。我只是留存一些希望，当我真正遇到这个人的时候，可以不急不躁、不慌不忙地去迎接对方。

深夜里一个人吃炸鸡的时候很孤独，但相比孤独，嘴巴里的炸鸡也让人感到很幸福。

爱别人前，要先爱自己

001

记不清楚是怎么认识 C 的了，只记得她加了我的 WhatsApp（社交软件）后，说的第一句话就是邀请我去她家做客。我起初以为这只是属于外国人的客套，便推辞说自己这两天功课很忙，可能去不了。

我说完"Sorry"后，她的状态栏显示已下线，那一刻，我察觉到自己似乎说错了话。

她后来又邀请我，我骗她说我在上课，其实我在图书馆的洗手间里，坐在马桶上发呆。她执意邀请我去，说想让我过去陪陪她，因为她的脑子里现在一团糟。

厕所里冲水的声音像是一种奇怪的暗示，拨弄着人的心弦。在 C 给我发来一个叹气的表情后，我有些无奈，答应了她，说晚上可以过去跟她聊聊天。

其实我并没有很想知道她一团糟的原因，但又感受到她似乎很需要一个人倾诉。事实正如我所料，那一晚，我成为她倾吐所有乱七八糟的烦恼的垃圾桶。

我们约在某个公交站见面，她见到我就给了我一个拥抱，她说很感谢我愿意见她。她小心翼翼地看着我的表情，一副欲言又止的模样。

她说不想坐公交车回去，公寓距离这里也不远，想让我陪她走一段。晚上八点多，都柏林的夜色与国内凌晨的相似，街道上没什么人，在寒冷的空气中更显萧瑟。

她的围巾裹得很严实，穿了一件黑色大衣，像极了贵妇，说话时不时微翘小拇指，眼神迷离。她很礼貌地问我，想不想听她悲伤的故事。我说你今天喊我来，不就是为了跟我说你的故事吗？她点点头，手提着塑料袋晃了晃。

果然情是世间众生都难渡的劫，C 那一团糟的始作俑者，就是她十八岁的小男友。

002

C 在都柏林待了大半年了，虽然一直在研修英语课程，可英语还是挺糟糕的，时常把 discussing（讨论）混淆成 disgusting（糟糕的），所以一路上我都在努力理解她说的话的意思。我能看出她竭力表现自己生活中的无助，可事实是就算我努力做到感同身受，还是无法替她消解任意一点心里的悲伤。

C 来自巴西，今年二十四岁，她在来都柏林的第三个月认识了那个十八岁的小男友，爱得死去活来，全身心地付出着自己，帮她的小男友找到一份特别棒的工作，自己没有多少钱，却在小男友身上花了不少。她全心全意地保护着这段在异乡得之不易的感情，没想到自己最终还是被对方甩了。

这个十八岁的男生，吸毒成瘾，特别情绪化，两个人也总因为这件事争吵。C 总说自己是被他的漂亮话给骗了，因为他总会在争吵后给她许各式各样的诺，告诉她，他们会结婚，他们会在法国和巴西各安一个家。甚至，他还带着她去见了自己的父母。

讲到见父母的时候，C 突然停住了脚步，郑重其事地告诉我，见父母对于法国人来说是一件特别谨慎和重要的事情。那一刻，我转过身看着她脸上的表情，觉得既可笑又可怜。

分手是小男友主动提出来的，理由是：他觉得自己一直在伤害她。C 表面上痛快地答应了，但心里却没那么容易接受，他们最后一次见面的时候，小男友告诉她自己要回法国了，再也不会回来了。C 回到家后，哭了整整一个晚上，她想到那些两个人曾经快乐的瞬间，既不舍，又委屈。

等红灯的时候，C 问我如果每天跟你生活在一起的那个人，每天对你说一百遍"我爱你"的那个人，却不愿意在朋友面前承认你们之间的恋爱关系时，你会怎么办？

我斩钉截铁地告诉她，我会选择分手。

后来，我才意识到自己的回答在某些意义上是那么不切实际，爱一个人怎么会说放弃就放弃呢？正如 C 所说，即使那个自己爱得不行的人不愿意承认自己，她还是会继续爱下去。

其实我是能理解 C 的，但我不能理解的是，为什么明明知道自己一直在受伤，还愿意一遍遍揭开伤疤上的痂。或许这就是爱情对一个人的影响吧，本身不需要什么答案。

分手后，C 的生活就变成了一团乱麻，她开始频繁地缺席课程，经常把自己闷在家里，朋友也很少见。临近万圣节，朋友硬拉着她去酒吧放松，但她怎么也没有想到，在那里，她遇见了消失了几个月的前男友。

是如鱼得水的模样，她看见他端着酒杯和身边的女伴谈笑风生，拍照的时候还搂住了对方的腰。C 想要刻意回避，却被对方看见了，她着急从酒吧离开，前男友追出来，问她怎么了。C 说自己很好，便离开了。

"我还在想他会不会继续追上来，不需要任何道歉，就简单地问候一句'最近过得还好吗'也好啊。"C 的眼睛低垂下来，左手的塑料袋换到了右手上。

我不知道怎么用精准的言语去安慰一个巴西人，只是一遍一遍地告诉她，你真的需要逼迫着自己忘记对方。我知道没那么容易，但你必须这样去做，才能让你从一团糟的生活里走出来。

C 说那次在酒吧遇见前男友之后，她就再也没有去过学校了，也几乎不出门，去市中心的唯一目的就是要去买点薯片和其他垃圾食品。

我很严肃地告诉她，这不是一个成年人该有的面对失恋的方式。虽然我知道自己没有权利这么讲，但看到她这个样子，我无法视而不见。虚情假意的安慰其实很容易分辨，但即便是萍水相逢，我也想在自己陪伴着对方的有限时间里，让她释怀一些。

大概是走过的最漫长的路之一，在我实在不知道自己还能用什么话来安慰她的时候，终于到达了目的地。C 和另外六个巴西人合租，进门的时候，大家正在办 party，我们整理了一路以来略带悲伤的情绪，融入大家的谈笑风生当中。

在持续性的热闹气氛中，他们教会了我如何玩巴西传统的棋类游戏，但在沉寂于和众人的欢愉时，我还是留意到 C 始终没有真正开心，甚至有些走神。

那一刻，我竟也变得悲伤。

003

其实她的故事特别简单，无非是爱上了一个不属于自己的人，但对方的停留却成了她挥之不去的过往。这种连爱情小说都写厌倦了的情节，还是一遍又一遍地在这平凡的世界里的每一个角落里上演。

爱上的那个人，正是因为对方曾经是自己最看重的人，所以才没那么容易释怀。而释怀不是逼迫自己去忘记，也不是千万次地回忆对方伤害自己的瞬间，而是真正打包好所有好的坏的过往，放进心里某个狭窄的缝隙中，告诉自己一切都已归于尘土。

不可否认，这个世界上真的有一种人存在，他们为了爱别人而放弃了好好爱自己。我知道告别曾经不像按删除键那样容易，就算再牵挂怀念，但何必为了一个已经把你放弃了的人，而放弃自己呢？

那晚 party 结束时已经是凌晨。说再见的时候，C 突然问起我在国内的职业，因为我之前跟她提起过自己是个写作者，她很诚挚地看着我，问可不可以把她的故事写出来。

我说等你真正放下一切的时候，我会帮你做最后的总结。她再次给了我一个拥抱，然后送我上了出租车。

车子很快驶出，我透过后视镜看了看越来越远的她，突然觉得这个夜晚像是一个梦，本来我不屑一顾的故事，不知道为何却深深戳中了自己的内心。

我拿出手机，打开 WhatsApp，给 C 发了一条信息：

"明天请务必来上课。"

人生不能像做菜

001

吃散伙饭的时候，听到同年级有个女生的国考考过了，进了某个不错的单位工作。感慨这个姑娘在大学期间真的是事业爱情双丰收，一样没落。男朋友是个学霸，收到了北京一家特别有名的公司的录用通知书，两个人接下来就要在北京展开新的人生，令人艳羡。

吃饭坐在我旁边的那个朋友，说了句特别实在的话。他说，一个万里挑一的机会摆在你面前，不要是傻瓜。所以大部分人对他人成就的不屑只是在给自己的无能找合适的借口。

我觉得他说得挺对的，大学毕业这短短几个月，有些人的毕业去向填的国外知名大学、全球百强企业，有些人成功保研，而有些人只留下了一片空白。

每个人都有自己的选择，我们无从评判它的优与劣，但我们却比谁都清楚，在这个快要交卷的时刻，谁都不想落在最后，被考官打上"待业"或"去向不明"等标签。

这是毕业带给人生的一份礼物，我们终于过了需要有人提醒，为你倒数的年纪，剩下的全靠自己了。但悲哀的是，许多梦想挺不过时间的仓促，最后坠入尘埃，不得不提醒自己还是要做个普通人。

朋友说我应该是这批同学里混得较好的一个了，我一时间不知道该怎么回应他，只是摇摇头，脸上挤出一丝苦笑。

"四年出了五本书，有那么多粉丝，现在还能自己赚钱养活自己。"这是大多数朋友对于我"混得好"的评价，但他们并不知道这些成绩背后是什么，也未曾发现藏在这些标签背后的是多么大的迷茫。

仿佛一夜间所有年轻人都开始赶着迷茫了。他们被那句"入行的第一份职业特别重要"引导着无所适从，每个人都不知道自己的未来在哪里，是在大城市，还是在小城市里。

二十一岁，我也没有好到哪里去。我常常在深夜睡前那段时间里思索，心中的那点坚持开始变得脆弱不堪。很多曾经一起奋斗的人，一个个都没有再坚持写下去，而是选择了其他职业。

"我给自己的时间不多，如果混不出什么名堂，那就回老家吧。"告别时，听到朋友跟我说的这句话，我心中颇为酸楚。年轻给了人很多选择，它允许你失败，但又给你徒增更多的枷锁，想要的越多，就意味着你要跑得更快。

毕业送给我的第二份礼物，就是在交卷的那一刻，我终于明白了踏出校门的那一刻，只能一个人活成一支队伍地去战斗。

002

毕业是令人开心的，但太多的人被悲伤与不舍的情绪裹住了，不过后来想明白了，为什么会有人哭，因为这真的是最后一次了。在以后的人生旅程中，再也没有人会准时出现在下一个站点，朝你挥手，告诉你人生下一步该怎么走。

我发现周围的人好像也是在毕业季这短短的半年时间里，长成了大人模样，他们简历上的照片西装笔挺，他们知晓了面试时要怎么赢得人力资源者的注意，他们开始比以往更加知晓留恋校园，留恋过去的时光。

和以往任何一次毕业都不一样，你们即将分离、身处各地生活，虽说着要常联系，一定要再见彼此，但其实你们都懂，在这次分别以后，很多人也许就再也见不到了。

掩藏在泪水与酒精里的真心话，离别的夜晚纷纷开始吐露，大家在酒桌上玩着大冒险，拍很多的照片。

这是最后的告别仪式了。

003

毕业典礼结束的那天晚上，我喝得有点微醉，扶着朋友去上洗手间的时候，他吐了，我拍拍他的背，问他要不要提前回去休息，他说不用，实习的时候每天陪领导谈合作已经习惯了，他之所以吐出来，就是为了接下来能喝进去更多。

他笑着说自己待的那家创业公司刚刚起步，什么事都要硬着头皮上，而谈成合作最有力的武器，就是喝酒。已经凌晨四点钟了，他结束这一场盛大的告别宴会，几个小时后就要赶去机场，飞回公司所在城市。

有句歌词写得特别好："你的远方，只是别人的故乡。"毕业送给我的第三个礼物，就是另一个远方。

看着这些人开始褪去曾经的青涩模样，我突然有些侥幸。或许是因为自己还可以厚着脸皮再当一段时间学生，尚可以在校园里不走。

离开厦门前，我去南普陀拜了拜，很贪心地许了几个愿望。从寺里出来的时候，五老峰的上空有大片大片的火烧云，美得让人舍不得眨眼。

那些曾经被我忽视的景色，在这一秒都变得珍贵，宛如一颗颗钻石在闪闪发光。

004

最后，以一段我发在微博上的话作为结束吧。

和四年前高中毕业时的心情完全不同，彼时像个渴望挣脱牢笼的小动物，前方是纵意的天堂。而大学毕业时，内心却是万般无奈，恨自己终于还是要从保温箱中走出来了。我是一个不怎么会处理离别情绪的人，所以干脆要求自己冷淡地度过，可看着相处了四年的室友一人一人地离开，还是克制不住内心的留恋。

四年总少不了遗憾，但我丝毫不会后悔四年前填了厦门大学这个志愿，这四年收获的成长是故乡和父母所无法给予我的。现在的我要学着去做一个合格的大人了，即使这一路上常有碰壁。时间也在一点点磨砺自己，去接受理想与现实的落差，学着把偏执与顽固变成一种勇气。

正如人生中的许多事无法永恒，它们背后大多带着一个年限，有的是四年，有的是十年。与厦大、与厦门有关的四年光阴里，我做了一个很长很长的梦，梦里有建南的聚光灯，有撼动大树的台风，有凌晨四点门卫师傅的鼾声。

而如今，是梦醒的时刻，我收拾起过往回忆，开始行色匆匆地去到更远的地方。

《饮食男女》中有句台词："人生不能像做菜，把所有的料都准备好了才下锅。"是啊，总以为还要很久才离开，却在不经意间，就已被推搡着踏入了江湖。

就正如有些相遇，是没有办法从头开始第二遍的。

但行好事，莫问前程

001

从苏黎世机场飞回都柏林，逛免税店的时候遇到了一个中国导购，那个小姐姐很热情地跟我打招呼，问我是来旅游的吗，我点点头，她开始向我推销起了巧克力。其实我并没有要购买任何东西的计划，但又不好意思直接拒绝她，所以只能礼貌地笑笑，想要找时机离开。

她大概是看出了我的心思，对我小声地说了句："没关系的，只是我的经理在那儿盯着我，所以我必须要假装很认真地在工作。"我觉得她这句话很坦诚很可爱，看了看手机上的时间，距离登机的时间还很早，于是决定在这里多"演"一会儿。

我一边挑选着货架上的巧克力，一边跟她聊天。

"你是哪里人啊？"这是开启所有陌生对话的万能问题。

姑娘说自己是四川人，我惊喜地跟她讲我妈妈也来自四川，所以跟她算半个老乡。她说她是英国的留学生，去年毕业了，但在英国一直没有找到合适的工作，拿到工作签证。在她不带任何希望，准备收拾东西回国的时候，她突然获得了一个意外的工作机会，就是到瑞士机场做导购，因为她除英语外还会一点德语，所以很顺利地通过了面试。

我跟她讨论起瑞士的物价很高，生活成本是个问题。她点头叹气，说为了留下来只能忍了。在这里工作，经理每天都会像个班主任似的盯着她，为了那点可怜的业绩，有时候说破嘴皮子，只有几个顾客买单，是生活逼着她修炼了一点"演技"。就像彼时的她，一边聊着和巧克力没有一丁点儿关联的东西，一边还能不断地拿起不同品牌的巧克力，假装在绘声绘色地向我介绍。

"没有想过回国吗？相比之下，国内机会更多吧。"

那位姑娘放下手中的巧克力，整理了一下货架对我说，也想过，但后来还是决定在国外待几年。

"可能因为这几年适应了在欧洲的生活，突然回去，不知道会不会遇到更大的问题，在这里生活虽然也不容易，但一个人平平淡淡的也挺快乐的。生活总会越来越好的，只要自己想明白了要怎么走，你说对吧？"

她冲我笑了笑，眼睛眯成一条缝。那时候，我刚刚结束了硕士阶段的所有课程，只剩下第三学期的毕业论文，非常能理解她的心境。

我对她说，再过几个月交完毕业论文我就打算回国了，虽然很迷茫，但不想让爸妈太牵挂太担心，所以还是决定回去。

"是啊，当时在英国跟我一起毕业的那些同学，几乎都回国了。我妈也催着我回去，电话里动不动就是谁家的孩子已经考上了公务员，她同学的儿子进了国企，谁谁谁已经买房结婚了。每次听到这些，都想挂电话，打算一辈子都不回去了。"

我们都笑了，这是我们人生中面临的相似的场景。

"为什么要跟别人比较呢？自己过得好与不好都是自己的生活。更何况，我没觉得自己现在过得那么糟糕。"姑娘说着又拿起一包巧克力，假装向我介绍。

是因为活着的信条不一样吧，有些人需要活在别人的目光下，而有些人更适合生活在无人的丛林里。那一刻，我看着眼前的姑娘保持着对生活的乐观和积极，像是与一个充满希望的灵魂迎面撞上。

是美好的，无言的美好。人生或许遇不到太多与自我契合的灵魂，但每当触碰之时，却也觉得这世间又美妙了几分。

在时间差不多的时候，我从货架上随便拿起了两包巧克力，跟她说："谢谢你陪我聊了那么多，再见。"临走的时候，恰好遇到从后面走出来的经理，我微笑着对他了句："那个姑娘真的非常专业。"紧接着他对姑娘竖了一个大拇指。

这或许是在当下，我能做到的善意回馈。

002

姑娘的那句"为什么要跟别人比较呢"让我思考了很久，像是蝴蝶振翅的一次微小的波动，在我脑海里引发了风卷残云般的海啸。

在欧洲留学的这一年里，认识的很多朋友，很早便离开家，来到国外念书、生活。当然也有一些人很小就跟着全家移民到国外，他们被称为"移二代"——身上都拥有一个相似的特质，那就是家境优渥。

他们中的大部分熟悉与同类人的相处法则，而后逐渐把圈子周遭筑起围墙；他们熟悉各式各样的奢侈品牌，从一线到小众，橱柜里的装备永远跟着当季新款而更新；他们的银行卡余额似乎像一个无底的水井，永远取之不竭，用之不尽。

认识的一个男生，在伦敦念完大学本科，又来到都柏林继续念研究生，跟我是同一个学校，毕业之后，父母在国内帮他安排好了工作，回去工作了半年，觉得不喜欢，就又跑去美国念书了。在我每天从图书馆赶毕业论文，待到深夜才回家的时候，他已经找论文代写机构完成了两万字的终稿。偶尔听人聊起，他找人代写论文花的钱，可以顶我在国外半年的生活费。

必须承认的是，在某些时刻，我是羡慕他的。比如在我找实习工作，屡屡面试碰壁的时候，人家不费吹灰之力就去上班了；也比如外出旅行，我住着会停电的廉价 Airbnb 时，人家在五星级酒店看城市最美的夜景；或者在面对自己想买的东西时，我需要计算着自己银行账户里的余额，而人家根本无须考虑。

跟朋友聊起这些话题的时候，朋友的一个观点让我印象深刻。她说，这是人家应得的，他们的父母做出了更为艰辛的努力，为后代创造了丰厚的原始积累，我们没什么可羡慕嫉妒的。更何况，花钱找人代写论文这件事原本也没什么好羡慕的。

　　是啊，这似乎并没有什么不公平的。

　　同样，我身边也有一些默默在努力的人。认识一个在爱尔兰待了十年的人，很小就一个人跑来国外打拼，自学英语，还考了很多财会的证书。从身无分文到靠自己在爱尔兰市中心买了房子，他付出了常人难以想象的努力。

　　后来我发现，这个世界其实是公平的。大家都是凭借自己的努力让自己或者后代过上了更好的生活，只不过在这个进程中，有的人走得快，有的人走得慢。

　　我们没必要去拿缓慢的步速与高速路上疾驶的汽车车速去比较，因为每个人都在走不同的路，而条条道路从来就没有好坏之分。

　　我曾经特别羡慕身边的一个朋友，我们来自同一个地方，有着同样的起点。曾经的我，充满自信，一度觉得自己的人生领先对方大半。后来不知道从什么时候开始，对方竟然弯道超车走在了我前面。我是一个不服输的人，也不知道为什么偏要跟这位朋友较起劲来，但就在我用尽了我全部力气去追赶的时候，却发现对方越跑越快，到后来，我已经远远落后于他了。

　　因为这件事，我一度非常消极，不断否定自己的能力，觉得生活看不到希望。但不知道为什么，在欧洲生活了一年后，我突然一下子就看开了。

你以为你们是在一同前进，但其实对方做出了很多你无法想象的努力。有些成功，其实从一开始就注定了。

原来的我满眼藏嫉妒，但现在的我只剩下了羡慕。这倒不是在安慰自己，而是生活在某一瞬间给了我启示，学会欣赏资质优于自己的人本身也是一种难能可贵的品质。

就像阿拉斯加的鳕鱼，在溯游之时，跃出水面，才发现原来天空是如此的美丽。

003

或许是国外孤独而自立的生活给了我这种想法。人作为群居动物，是需要靠某些竞争来建立联系，使自己在这种关联中找到被关注的愉悦感。

每个人都是独立的个体，我们需要去寻找个体存在的意义，而这个意义，我想便是真正找寻到让生命感到舒服的方式，然后以这种自己喜欢的方式去生活。

这种方式或许是被爱，是敬畏自然，也或者是学会去接纳平凡普通的自己。我们不能因此而忽略生命的无限可能性，忘记去全力以赴，而是要懂得去更加坚持，哪怕步伐缓慢，孑立独行。

从小到大，我们似乎都被灌输着一个"不能输"的价值观。在这一年的生活过后，我突然明白，其实重要的不是输赢，而是我们始终在坚持做我们热爱的，认为是对的，让身心感到舒服的，能获得成长的事。那些谁谁家的儿子考上了公务员，谁谁谁的女儿结婚买了房，也是在做着他们各自人生中觉得对的事情。但是，我们没必要一定要强迫自己去复制这样的人生。因为当这些事情发生在我们身上时，或许它并不具有让我们感受到快乐的可能性。

你说，当鱼儿们探出水面之时，我们以为那是危险的一跃，可对于它们而言，可能只是生命某次不经意释放的美丽。

可以是轰轰烈烈的，也可以是安静的生活，去做你觉得对觉得快乐的事情，坚持地走下去，走在只属于你自己的那条路上。我相信，我们都会感受到探出水面之时，生命的意义。

第四章

被爱之后，
爱人之前

被时光裹藏住的心事

001

我脑海中一直有一个无比深刻的画面。那是 2015 年，我奶奶去世的头七。街坊邻居、远房亲戚全都来家中祭奠，就连平日奶奶牌桌上的"冤家老太太"也来了。

小小的客厅里烟雾缭绕，挤满了人。姑姑连续哭了好几个小时，大爷（我父亲的哥哥）和父亲两人招呼着往来的客人。爷爷在房间半梦半醒的样子，醒来的时候放声大哭，我和表哥两人负责在房间里照看。感觉世界从未像那几天那般嘈杂过、拥挤过，甚至连安慰都要排上顺序，分个先来后到。

"冤家老太太"是跟女儿来的，跑去房间里看望爷爷，用不大不小的音量感慨了句：

"这老伴走了，老头子怕是也坚持不了多久……"这句话到底是刺耳的，老太太的女儿赶快接了句话圆场。

半年多后，爷爷的去世似是让那句话一语成谶。

爷爷走得安详，跟奶奶合葬在一起，三个子女处理完后事，坐在一起开了个会，把老人们留下的家产做了分配。中国人向来注重仪式感，对待死亡也是如此，本来三家人分居不同的城市，这家一分完，后面大概也不会再有如往常之时的团聚。

因为常年在外求学的缘故，我鲜少见过父亲流泪，可能儿子总是要比女儿坚强一些，就算姑姑哭得没力气了，父亲和大爷也只是沉默地低着头，抽一根苦烟。

后来是听我母亲说，其实父亲偷偷哭了一次。深夜里，睡着睡着突然呜咽，哭着哭着又睡着了，像小时候听见巨雷一样，在泪水之中揣着惊恐睡去。父亲那晚的悲伤来得后知后觉，自那夜之后，他又变回了原来的那个他，不轻易难过，却急剧消瘦。

002

"面临死亡"这个议题，是伴随人一生的。小的时候，未曾思考过离开这个世界后该是怎样的情形，只知道"死亡"于我而言，是电视剧里倒在英雄剑下的坏人的那一声号叫，是民生新闻里被歹徒刺伤抢救无效时，亲属流泪痛哭的画面。

因为不曾与"死亡"接触，所以总是无法透彻领会这个词语背后的沉重。只是单纯地恐惧，抑或是猜测。

我想父亲应该也是这样的。

003

从小到大，我和父亲缺乏成年男性之间的那种对话，我在他的身上总是能发现与我个性的反差。我是个嘴停不下来的倾诉狂，父亲反而不善言谈、嘴上笨拙，有什么事从来都放在心里。

所以这次谈话来之不易，是在电话里进行的，我说爸，我能简单采访采访你吗？他笑了笑，说行啊，你问吧。

我生硬地问他，小时候印象最深刻，与父母有关的一个记忆是什么？

父亲三言两语，文不对题地回答我，我极力引导他，他紧接着向我描述了两个画面。

一个是八九岁那年，过年的时候，母亲给全家做了馒头，父亲可以吃两个，他的姐姐和哥哥以及母亲只能吃一个，作为最小的儿子，他也可以吃两个。

他描述这个画面时，用了"最好吃""一辈子也忘不了"诸类的词汇，隔着电话，我仿佛能看到他此刻带着幸福的面容。

另一个画面是，他十几岁的时候，父亲狠狠打了他一次。当时哥哥出去当兵，全家都把希望寄托在这个小儿子身上，省吃俭用供他上学。十几岁的小男孩，总归有些淘气，学会了逃学。回到家，父亲用木棍和皮带狠狠抽他，他跪着发誓再也不逃学了。

后来，学聪明了，逃学也没被父亲发现过。

他说完，我故作深沉地停留几秒，问他，你现在想念他们吗？

父亲到底是不善于表达自己的感情，电话里的气氛有些尴尬。他说，想啊，当然想啊。

奶奶虽是肺癌去世，离世的时候没有什么剧烈的痛苦，爷爷在睡梦中自然死亡，按老一辈的说法，这都算是"喜丧"。

"那如果再给你一次机会，回到过去，父母还是年轻的样子，你也还小，你愿意吗？"

"这怎么可能，哪还能回去？别说这些异想天开的东西了。"

"就假设，如果真的可以回去呢？"

"这世界上没有假设。"

父亲似乎很抗拒这个问题，这也是我每每无法与他顺畅聊天的根由。我几欲终止这次采访，直到父亲突然说出了这样一句话：

"我们那个年代贫穷无知，不会表达，如果能像现在这个时代一样，有手机，有微信，什么都可以记录下来就好了。"

他这句话里的意思，应该是遗憾在父母去世之前，没能好好表达一下内心的爱意或是歉意吧。

"有没有对父母感到特别厌恶的时候？"

"厌恶？厌恶谈不上，就是看不惯你奶奶那个省劲，饭菜馊掉了，也不舍得倒，还照样吃，这样对身体好才怪。你爷爷吧，脾气太倔了，劝不动他。"

我笑着说："你知道你有时候，跟我爷一样倔吗？听不进去话。"

他也跟着笑："那等我老了，就把我送去养老院吧。"

"那你觉得你现在的生活怎么样？"

"挺好的，有这么优秀的一个儿子。"

"过得快乐吗？"

"现在就想着你能有自己的事业，然后找个媳妇结婚，我和你妈好安心养老。"

我爸总是在绕开话题，快乐或许在两代之间，总会不自然地变成一种上一代对下一代的期许。

聊到这里，我发现与父亲的交流依旧无法真正深入他的内心，但还是庆幸于他能认真回答我的问题。在他的回答中，我大体能拼凑出上一代人内心对上上一代人的感觉。

004

20世纪90年代出生的我与爷爷奶奶这一辈，几乎相隔了五六十年，岁月让这段漫长的距离，催生出很多永远无法合拢的差异与分歧，但不可否认的是，这些不同的背后，都藏着人类在选择情感和表达情感时的相似性，对儿女，对父母。

记忆中，我上初中的时候，假模假样地在奶奶家弄了块小黑板，为了教不识字的奶奶认识男厕与女厕的标识，我教她写"男"和"女"，她一笔一画地照着写，爷爷在一旁笑她，连个大字都不识，奶奶便与他拌嘴。那天教了一下午，奶奶还是没记住，她拍了拍大腿，扒了根香蕉给我吃，然后起身去厨房里做晚饭。

可曾想过，上一辈、上上一辈的他们，也曾经走过我们此刻的年纪，也有对世界的不了解与不理解。年轻的我们与年迈的他们，全都由时代牵制，有了不同起点的命运。

前几天，看过这样一个视频，两代人以一问一答的形式，讲述同一个故事。

视频里，一帮年轻的小孩子，从他们稚嫩的眼光出发，走进长辈们的回忆。

"奶奶，你的妈妈对你好吗？"

视频里，问的人只是纯粹地好奇，回答的人却潸然泪下。视频看到最后，我又想起了我的爷爷和奶奶，想起他们还在的时候，陪我度过的点滴时光。

世界那么大，变化那么快。也许他们跟不上了，也许他们撑不住离开了，但他们依然可以用生命的轨迹，通过他们自己的故事，告诉我们岁月的启迪，教我们成为一个更好的人。

试着也跟自己的亲人来一次面对面的谈话吧，抑或简单问他们一个问题，记录下来。要知道，如果年轻的我们，不鼓起勇气主动靠近这些沧桑的灵魂，他们或许永远找不到合适的途径张开怀抱，拥抱我们走进他们的世界。

交流，永远是靠近心灵的开始。

如果你不问，他们也许永远不会讲出那些故事。

005

父亲表达情感的质朴与笨拙，映射出了他们那一代人的单纯。

电话的最后，我又问了他一句：

"如果真的有时光机，想回去吗？"

"不想吧，嗯，不想了。活在当下吧，还是接受现实的好。"

总是一个人过节的姑娘

001

我认识一个叫陈月芬的姑娘。

陈月芬一直想着改名，因为她高中时期暗恋的那个体育委员，五大三粗，总是拿她的名字嘲笑她，说这名字土得掉渣，这小姑娘便把这件事一直揣在心里。高考结束的那个夏天，她软磨硬泡，让她爸同意给自己改名。她心里想改成"陈乔安"，跟她偷偷看的那本校园言情小说里的女主角同名，洋气得很。

书里乔安的命运跟她不一样，乔安被很多男生环绕，帅的喜欢她，有钱的追求她，丑的巴结她，就连那个势利眼班主任都敬她三分，只要她请假，不问任何理由都给假。

而陈月芬不同，她高中时是丑小鸭型的姑娘，厚如钢盔的刘海，个子瘦小。跑操的时候，她因为个子矮，总被安排在最前面，跑不快，就被那个皮肤黝黑的体育委员训斥，大声吼着要给她扣跑操分。

这样的男生真烦人。

究竟喜欢他什么呢？陈月芬搞不明白，她只知道班上能看到她存在的男生不多，体育委员算一个。上体育课前排队点名，体育委员会故意用方言，就是那种很土的腔调，喊着"月芬月芬"，全班哄笑。陈月芬倒也不是那种任人嘲笑的姑娘，以牙还牙喊体育委员的外号，带脏话的那种。

整个队伍又是一阵笑，后排几个男生跟着也喊，陈月芬一副"我赢了，你活该"的表情，朝体育委员翻了个白眼。

在遇到这样一个家伙之前，陈月芬一直把自己归类于那种"不可能有男生注意到"的女生，从青春期开始，除了住在同一个大院里的男孩，再没有其他男生走进她的生活圈。

陈月芬倒也不觉得这有什么，身边有一两个可以结伴去上厕所的小姐妹就足够了。她们聊起男生像是夏夜躲在草丛里的蛤蟆，过程中你一言我一语，谁喜欢谁，谁暗恋谁，大致彼此心里也有数了。

陈月芬向来只附和自己的小姐妹，当有一天她想骂骂咧咧地数落那个总是挑她刺的体育委员时，话到嘴边却不知道该怎么开口了。

"虽然长得挺健康，身材魁梧，可打完篮球一身汗臭的模样怪恶心人。"

"虽然嘴巴贱，总是爱惹惹这个挑挑那个，可实话讲，心眼不坏。"

陈月芬一板一眼地描述着，说罢，看见身前几个小姐妹的表情不对劲。

"陈月芬，你是喜欢上人家了吧。"其中一个小姐妹带头起哄，其他人也跟着起哄，"就是就是，你看你耳根子都红了。"

陈月芬赶忙摆摆手，脸上写着"你可拉倒吧，我怎么会喜欢上这种人"的表情。

那天回到家后，她特意凑在镜子前仔细端详自己的容颜。

"是不怎么好看，刘海底下藏着一窝青春痘，鼻头还出油反着光。"

陈月芬心里念叨着，叹了一口气。

"记得很久之前听某个小姐妹说起，体育委员有过一个女朋友，是隔壁班票选前三名的班花。"

她搞不清楚自己为什么突然会想起这件事。

很寻常的一天，卸下书包，洗漱换衣服，接着做晚自习没做完的习题，一边做一边偷摸玩了半个多小时的手机，其间趴在桌子上迷迷糊糊睡着了。

若不是父亲敲门提醒她该上床睡觉了，她也不会从梦中惊醒。

短短十几分钟，就做了一场大梦。梦里有个男生追在她屁股后面狂奔，像那支急支糖浆的广告，眼看着要被追上的陈月芬突然停下来，一回头便对上了体育委员的脸。她问对方为什么要追自己，体育委员气喘吁吁地告诉她——你学生证忘带了。

陈月芬低头接过学生证，看见了自己丑陋的证件照，还有"陈月芬"三个字，便在父亲的敲门声中醒了过来。

"什么乱七八糟的梦啊，净胡扯。"陈月芬搓搓头发，突然对门外的父亲喊了句，"爸，我想改名！"

即便陈月芬一整个暑假都在向父亲游说，还是没能把名字改成"陈乔安"。高考结束后体育委员去当了兵，毕业同学录里，陈月芬把他的那一页放在了最后，留在上面的电话没敢打过，留在上面的 QQ 也只是偶尔偷摸追踪追踪新发的说说。

后来，渐渐搁置了这个习惯，再也没想起来过。

时间就是一边被用力地记着，一边又不知不觉地被忘了。

陈月芬大四在一家小创业公司实习的时候，老板要求所有人必须称呼对方英文名字，这下，陈月芬才终于心满意足地被叫 Joan 了。

"Joan，可以帮我去拿个快递吗？"

"Joan，这份报表要正反面复印三份哦，别搞错了。"

"Joan，张总喝醉了，你能不能帮忙叫个车？"

"Joan，你怎么又搞错了啊？拿回去重新校对一遍再给我！"

每天都可以被无数次称呼为洋气的 Joan，但陈月芬却对这个名字逐渐冷淡了。

她不懂，为什么用上这个名字之后，总是伴随着做不完的工作和挨不完的训。

那一天，坐在 Joan 对面的程序员大哥，突然很温柔地喊了一声她的名字，然后滑着老板椅挪到陈月芬面前。

"Joan，你们大学生比较有创意，这不马上就要过七夕情人节了，你说我们男的送什么，女孩子才会高兴啊？"

"你有女朋友了？"

陈月芬克制住自己内心的诧异，敷衍地帮程序员大哥出主意，最后帮着在网上选定了一份零食大礼包跟一束永不凋零的永生花后，程序员大哥才心满意足地挪了回去。

陈月芬内心还是不敢相信，眼前这位一整个夏天都没怎么换过衣服、踩着一双人字拖、小拇指留着长长指甲的男士，竟然也脱单了。

这是赤裸裸的歧视，陈月芬自己也承认了。

但也没什么气不过的，跟自己八竿子打不着的事情。

陈月芬暂停手中的工作，拿出手机，刷了刷微信，发现很多公众号已经开始矫情地为接下来的七夕节造势了。

《送这样的礼物，绝对能把姑娘追到手》，这篇文章的标题倒是很吸引人，陈月芬戳进去看到一半就退出来了。

好像七夕收到礼物这件事，跟自己压根儿没有关联。从青春期开始，就界限分明地"与我无关"。

没谈过恋爱，倒是有一套娴熟、自成体系的择偶标准。

没收到过表白，原因统一归类为"自己太低调，我只想刷高 GPA（平均学分绩点）"。

那些乱七八糟的节日，大多自己一个人消化，可就连寝室里那个特别胖的室友都有男闺密陪着逛逛商场。陈月芬搞不懂自己为什么会沦落到这样的境地，不过似乎也习以为常了。

她想着，毕竟这才是大多数人的青春吧。

003

"Joan，帮我个忙吧。"

七夕那天晚上，早早下了班回到寝室刷韩国综艺的陈月芬，突然收到一位同事的微信。

陈月芬问她做什么，同事说让她假装成男朋友给她转五百二十块钱，钱她先转给陈月芬。

陈月芬在微博上看过类似的桥段，却没想到现实中真的有人这么做。

为什么呢？一个今晚过了就过期的面子吗？

"为了气气我前男友，他刚才在朋友圈发，他给他女朋友买了一束花。他也是真好意思晒……"

陈月芬也跟着敷衍地帮腔："就是就是，送束花就拉倒了？以为自己是吴彦祖？"

说完，陈月芬点击了同事发来的转账，并附带一条信息："宝贝，永远爱你！除了这个今晚我还给你准备了另一个惊喜！"接着就把五百二十块钱转了回去。

啰啰唆唆弄完，陈月芬竟已觉得累了，她没再继续看综艺，暂停了播放，敷了片面膜。

她把头仰着靠在椅背上，面朝天花板，进入冥想的状态。

似乎又迷迷糊糊地睡着了，她听见有人追在她身后，超级大声地喊了一句"陈月芬"，用土得掉渣也再熟悉不过的腔调喊出来的。

不知道为什么，这一声呼喊听得她浑身酥酥的。

和被人称呼为Joan的感觉迥然不同，一个像落在睫毛上的光与尘，一个像涮完脏抹布的水桶。

好像大多数人都在大多数普通的青春时光里，过着一个人普通的日常与节日，偶尔会怀念一下那稍微显得有些不普通的过去。

像某种特别的祷告，又像是墓志铭一般。

揭晓秘而不宣的喜欢，埋葬不痛不痒的错肩。

我知道你会来，所以我等

001

Lily 是在跟第一任男朋友快要分手的时候，才意识到自己最喜欢的其实并不是身边这个即将离开自己的人，而是那个叫作 Kim 的韩国男生。

Lily 跟我说起她的后知后觉，让眼下一切的状况都变得令人烦恼。虽然和第一任男朋友也有过快乐的时光，但有一天对方向她求婚时，她觉得这一切都来得太快了。

"我觉得他可能是为了护照和在这里的身份，因为我们结婚之后，他就可以顺利拿到爱尔兰的护照，就可以逃离他的国家了。"Lily 的语气十分肯定。

"你可能会质疑我为什么会这样想他，

可是他不止一次地表露出他多么想要留在这个国家的想法，而且我曾经发现他在我之前有跟另一个爱尔兰女生在一起，据说分手的原因也是因为结婚的事情。"

当生存与爱情纠缠在一起，一切浪漫都变成了不浪漫。

Lily 的第一任男朋友来自巴西，巴西人是爱尔兰的第一大移民种族，很多巴西人为了留在爱尔兰都想尽了办法。我没有见过这个男生，但在 Lily 的描述下，她似乎后悔跟这个人在一起。

Lily 是一个非常不典型的爱尔兰人，她对爱情非常保守，二十出头的她厌恶爱尔兰年轻人的享乐主义，以及游转于夜生活，身边玩伴不停更换的生活。她说如果找到了对的人，她愿意第二天就结婚，然后搬去这个世界的任何一个偏僻的乡村，养一些马，有自己的田地，然后安度余生。

Lily 拥有来自全世界许多国家的朋友，不仅仅因为她乐于交朋友的亲和个性，更因为她是一个语言天才。Lily 会讲六门外语，当我听到旁人带着奇怪口音的中文时，内心莫名地对 Lily 产生一种敬佩之情。中文作为这个世界上出了名难学的语言，Lily 只学了半年，竟然就可以用中文进行基本的日常交流了。

我和 Lily 结识是在一次户外活动。是我在 Facebook（脸书）上看到的活动，主题是亚洲食物，我带着蹭吃寿司的心态去了，结果遇到也是抱着蹭吃心态的 Lily。

"我们过半个小时后再出去，假装是刚刚到现场的，这样就可以再领到一张免费的试吃券，就能再吃一份寿司卷了。我特别想尝尝那个有牛油果的，你等会儿要不要一起去？"

Lily 似乎已经熟悉了在这里蹭吃的套路，当她跟我一起布局谋划怎么可以再领到一张试吃券的时候，我被她那机灵又胜券在握的表情逗笑了。

我说我还是第一次见到，除我以外，这么爱占小便宜的人。那时候我还不知道怎么用英语准确地表达出"爱占小便宜"这个短语，只能对她傻兮兮地说，可能以后我们还会在类似免费品尝美食的活动上遇到彼此。

那天的活动之后，我们交换了联系方式。她学的专业是亚洲文化研究，所以经常会来找我探讨一些问题。在她写学期论文的时候，我们经常约在某家咖啡馆自习，恰好也是在那个时期，我们探索了不少都柏林的餐馆。

002

最喜欢的是一家叫"醉鱼"的餐厅，Lily 说她就是在那里遇见了那位叫 Kim 的韩国男生，他当时在爱尔兰学习语言，顺便在这家韩国餐馆打工。

他们第一次见面是因为 Lily 点了韩式烤肉。这家店让人喜欢的一个地方是，店员会帮不怎么会烤肉的顾客烤肉，恰巧 Lily 对韩式烤肉一无所知。那一天，Kim 负责帮 Lily 烤肉，一切都非常完美，可是在快要剪肉的时候，一大块油不小心溅到了 Lily 的衬衫上，Kim 一个劲地鞠躬道歉，Lily 说着没关系，但心里还是有些不开心。

这样的相识，让人不记得都难。Kim 起初说要买一件一模一样的新衬衫给 Lily，但 Lily 拒绝了。后来，Kim 还是执意买了一件衬衫给她，虽然并不是同样的款式，但却让 Lily 格外欣喜。

Kim 是怎样的一个男生呢？ Lily 每次去他打工的那家餐馆就餐，他都会偷偷拿来一小碟泡菜或者青豆给她。更重要的是，Lily 和他在一起的时候，感受到的是一种像沐浴在春天微风里一般的轻松感。

"有时候我们就坐在草坪旁边的椅子上，一句话不说，就觉得一切都足够了。不用刻意填补某些沉默的空白，只是安静地坐在对方身边，我想这就是我想要的舒服的感觉。"

Lily 这样描述 Kim 给她的感觉，作为听者的我已经足够神往。很多时刻，恋爱中的人逐渐失去了那种给彼此舒适的感觉，许多寂寞的留白变得刻意，当有一天，到了需要为那空白而去寻找话题时，快乐便也渐行渐远。

所以，找到一个可以让自己感觉到舒服的人多重要啊。这无非是因为，我们都是希望获得轻松的人。

我问 Lily 最喜欢 Kim 的一个瞬间是什么，Lily 说他们曾经一起去远足，Kim 一个人帮她在山脚下搭了一个帐篷。那天晚上，他们燃起了篝火，Kim 带了一本书，《爱丽丝梦游仙境》，Kim 用他带着韩式口音的英语，安静地念给她听。声音没有被风声揉碎，篝火发出窸窸窣窣的响声，一切都静谧且美好。

她看着 Kim 的侧脸，他的眼睛不大，但注视着书本的样子却足够深情。他还带了一个小手电，光源对准着书里的一行行文字。他的视线流转，她也跟着游转。Lily 说那是她人生中最想定格的瞬间。

那个时候，她和 Kim 只是初识，她有男朋友，所以她也不敢妄想这个时候会延伸出什么其他。她只是想静静地，把这个舒服的瞬间压缩进心里，不给它任何可能。

Lily 总说她跟 Kim 在一起的时候，觉得自己像个孩子，那些孩子气的事情和话语只有在 Kim 面前才变得理所应当。他们一起去过都柏林的很多地方，有的时候只是在教堂里静静地坐一下午。时间在两个人的身上变得缓慢，一些不经意的细节就这样被 Lily 记了很久很久。

"他竟然会用猫咪脱掉的毛发做成一枚小小的胸针送给我。"

Lily 把那枚猫咪图案的胸针别在自己的毛衣上，她穿玫红色的毛衣，那只小巧的猫咪就会显得格外精致和耀眼。她觉得，和 Kim 相处，不仅很舒服，更重要的是，她自己也发生了潜移默化的改变。

003

这种改变是巴西男友没办法给她的。她不喜欢看足球，却总要听巴西男友聊很久的球星和比分；她不喜欢吃酸黄瓜，但巴西男友点的汉堡里总有几片让她难以下咽的酸黄瓜；他们发生争吵的时候，没有一方肯让步，所以大多数时刻以冷战收场。她厌恶这种感觉，但却也不想多替自己辩解些什么。

只是在她接近分手的那段时间，她发现原来喜欢一个人的感觉并不是这样的。Lily 不敢承认自己是喜欢 Kim 的，她觉得这是对原来感情的不忠，就如同面对湍急的溪流，她没有踏入一只脚，只是放任水流向远方。

Kim 即将结束在爱尔兰的生活，返回韩国服兵役。他辞掉了餐馆服务生的工作，打算用最后一个月的时间好好地游玩欧洲。

最后一次在"醉鱼"见 Kim，Lily 戴着那枚对方送给她的胸针。Kim 这次没有帮她送上免费的小菜，而是亲自做了一份料理。他说是专门为她准备的，是地道的韩国味道。

那天明明不是离别，但每一口，Lily 的嘴里都充满了离别的苦涩。她看着 Kim 笑，说料理的味道不错。Kim 也冲她笑笑，说真希望有机会可以给她多做几次。

那次见面之后，Kim 开始一个人环游欧洲，长达一个月的旅行结束后，他回都柏林收拾自己的行李。其间，Kim 曾经去找过 Lily，得知 Lily 生病了，Kim 想要问问她的状况，但遭到了拒绝。再后来，Kim 回了韩国。

其实 Lily 并没有生病，这只是她找的一个不见 Kim 的理由。那些天，Lily 和巴西男友分了手，搬了家，她感受到一种由内而外的解脱，却又有一种空落落的感觉。

她曾经想要联系 Kim，Kim 也在 WhatsApp 上发消息给她，说他一个人现在正在一家意大利餐厅里孤单地吃着意大利面，要是现在坐在对面的人是她就好了。那条消息的后面，是 Kim 拍了一张对面的照片，照片上画了一个人。Kim 说那个人就是 Lily。

Lily 看到那张照片时，鼻头有些泛酸。她不知道该回复些什么，但她听见了内心的声音，她也希望坐在 Kim 对面的人是自己。

Lily 问我，爱情里到底有没有先来后到。我说，或许爱情里从来没有先来后到，而是自己真正喜欢的那个人总是迟到。

Kim 回到韩国以后，仍旧和 Lily 保持着断断续续的联系，他会发自己家小狗的照片给 Lily，会告诉她自己当兵的生活。

每条信息，Lily 都会认真看，她非常喜欢 Kim 的秋田犬，那双黑黑的眼睛像是会发光。

我问 Lily 真的不打算去争取一些什么，起码正视自己的感情？

Lily 也很犹豫，她不想再一次让 Kim 等自己。

004

可是喜欢一个人，等久一点又有什么关系呢？倘若还有一丝感情在，为什么不选择勇敢地抓住呢？

这类问题，爱情里的人往往看不清楚，就像那时的 Lily，每天都在查去韩国的机票，却迟迟不敢按下购买的按钮。

直到今年的春天，Lily 终于接到了一个可以去韩国工作的大使馆项目，工作的内容是在韩国教英语。听到这个决定的时候，我替 Lily 感到无比开心，我想她终于想通了，终于不再回避自己的真实感情。

Lily 临走前，我跟她见了最后一面。我问她会去找 Kim 吗？她点点头。那一刻，我仿佛看见阳光从丛林中探出头来，这个世界被绿油油的植物覆盖着。

我祝她成功，和她碰杯。我说希望这一趟，Lily 再也不要回来了。

酒杯碰撞之时，发出清脆的声响。那声音充满了全力以赴的决心，像酝酿已久的一场大雨，在最需要雨水的季节倾盆而下。没带伞的行人丝毫不会抱怨，在大雨中狂奔的孩子们吆喝着，仿佛是回应这一场上天馈赠的甘霖。

　　爱情里有没有先来后到呢？这个谁也说不清楚。

　　但我感到开心的是，遇到了真正喜欢的人，无论是不是迟到，总算有了最值得奋不顾身的理由。

001

　　堂哥和表哥在最近一年先后结婚，让我觉得自己也多了一分紧迫感。

　　放假回家跟父母聊到结婚这件事情，父母表现出了截然相反的态度。

　　在父亲眼里，男生二十五岁就必须要进入婚姻了，哪怕不是二十五岁结婚，也要在靠近二十五岁时找到组建家庭的另一半。

　　母亲却依着我，说无论如何男人还是要先有属于自己的事业，有了事业，再结婚组建家庭也不迟。

　　父亲却不以为然，我和母亲像是自然组成了一派。我努力想要说服父亲，他起先与我据理力争，最后只撂下一句"随你吧"，吃完饭就回屋里了。

可即便有母亲站在我的身后，支持我把婚姻这件事往后放，但我还是无法开心。因为我并没有告诉他们，其实我完全不想结婚。

002

抗拒婚姻的想法，准确地讲，没有向谁倾诉过。

至于为什么会产生这样的想法，原因诸多，但最直接的还是厌倦了父母那种相处模式。

自从两个人闹离婚被亲戚们劝着稳定下来后，两个人的婚姻似乎彻底变为了"将就"。两人每日重复昨日的生活，起床、上班、下班、吃饭、睡觉。

共同语言变得越来越少，饭桌上仅有的几句沟通，也只是生硬的问候。我想，老夫妻过不成新婚宴尔，也不至于过成陌生人吧。但常常感觉到两人之间冰凉的气氛默默形成一把匕首，催促着对方赶快吃完，离开自己的视线。

记忆中，自上小学以来，父母就开始分床睡，这个行为一直让我觉得疑惑，但也只是默默藏在心里。即便现在长大了，似乎也找不到一个合适的时机去问为什么。

其实我无数次怀疑他们是否很早就已经离婚了，只是为了我而选择了隐瞒。可这种念头又被诸多事实打消，事实向我证明他们确实还是夫妻，他们确实还在一起。

他们那一代人，刚刚从落后中挣脱出来，接踵而至的又是新时代的先进力量，所以对很多事情的看法也常常被这种新旧交织的思想裹挟着。我常常会想，当有一天我大声地告诉他们自己并不想走入婚姻这个想法时，他们会怎么看我？

或许是还年轻，现在对于婚姻的重要性仍旧没有认识到，但也不是不负责任，只是固执地认为，这件事情好像还离自己很远很远。

003

倒是在表哥身上看到了结婚这件事的迷人之处。

表哥订婚的那一年来厦门拍的婚纱照，那也是我第一次与两个人同时相处。嫂子身形苗条，和表哥颇有夫妻相。

逛街的时候，两个人十分亲密，倒也没觉得厌烦，反而是羡慕的。

为什么会羡慕呢？倒不是因为他们的婚姻包裹着的"陪伴""相守"这类的含义，而是终于看到有一个人愿意包容另一个人的缺点，选择和对方生活在一起。

这一点，在我看来太伟大了。这个世界，除了父母能包容自己所有的缺点，似乎真的很难再找到另一个人做到这样。

就算很多婚姻无法妥帖地证明这一点，但至少在婚姻最开始的起点，一切是美好的，是充满希望的。

未婚夫带着未婚妻去拍婚纱照，摄影师指导的动作略显老套，虽然他们不见得真正喜欢，但看到身旁的那个人，也能欣然地投入进去。

未婚妻讨厌未婚夫逛街时那些没有礼貌的小动作，虽然会抱怨，但也会像接受一个淘气的小孩子一样接纳他的不完美。

所以，结婚的美好之处就在于，它让一个人付出更多的耐心，同时也给了他更多机会，去接纳另一个不完美的个体。

因为包覆着爱意，结婚这件事给了恋人无比重要的仪式感，它既宣告着两个灵魂的结合，也彻彻底底把"小孩子"变成了"大人"。

大人必须学着去包容、去接纳、去忍耐，在有另一个人气味的生活里装下自己。

004

婚姻是需要接受人生各种危机的宣战的。

絮絮叨叨的妻子在某一天突然进入了更年期，秃了顶的丈夫也遭遇了中年危机。

诸多烦琐的事情，一点点击打着婚姻这堵墙，墙外是自由，墙内是家庭建立起的各种联系。婚姻之中想要逃脱责任的那一方，或许会打烂那堵墙，去追求他渴望的自由，但又因为某一刻神经末梢传来的信号，告诉他不能迈出这一步。

婚姻这堵墙就是在这飘摇不定的岁月之中，在那进退维谷时的徘徊后，变成了藏在泛黄相册里的遗迹与旧址。

后人翻看的时候，内心感慨着，原来这就是我们自己，我们每一个人。

我认识一个很有名的编辑，他曾经是我的责任编辑，已经快五十岁了，仍旧单身。

他在四十多岁的时候，辞去了报社编辑的工作，去上海创业，做得倒也不错，公司从地下室搬到了外滩旁边。

他曾经写过一篇文章，说自己为什么信奉独身主义。在文章中，他说他不讨厌婚姻，甚至渴望婚姻，但他畏惧婚姻中的一系列副产品，他觉得那些会一点点瓦解他崇尚婚姻的想法。

另一个观点是来自我的大学老师，他几乎每节课都在讲那些伟大的哲学家的婚姻观，诸如康德，终身未婚，缘由是将自己的一生都献给了伟大的哲学事业。在他看来，婚姻的排位自然是落后于对真理的追求的。换句话讲，婚姻无法带给他想要的真理。

而我，到底年轻，对于婚姻未曾渴望，虽然并无想要追求的真理，但也未曾想过何时走入婚姻。

与那位编辑的畏惧相比，我反而觉得结婚是让人感到幸福和快乐的事情。

比在炎热盛夏里喝到一杯汽水，寒冷冬日里吃到暖意融融的火锅，还要幸福快乐的事情。

也曾爱上一个不可能的人

001

K 怎么也没想到，时隔那么多年后，往事又一次重演了。那段往事一度成为整个校园里的人茶余饭后的笑料与谈资，而她曾经因为这件事情患上轻微的抑郁症。

不过是因为喜欢上了一个不可能的人，但在故事的开始，K 并不知道最后的结局。

高中时候的 K 是个优等生，成绩名列前茅，是属于被任课老师常常拿出来标榜的好学生。也是在这一时期，K 发现自己喜欢上了隔壁班的一个男生，她也不知道自己为什么会喜欢上这样一个男生，只知道当分发试卷，看到男生的名字和他尴尬的分数时，她的心跳会加速。

作文经常拿高分的她，却不知道该如何写好一封情书。K偷偷塞进男生书包内侧的情书从来都没有收到过回音；她多买的一份早餐，男生会原封不动地退还给她；就连体育课男女分组，男生也不愿意跟主动提出邀请的K成为一组。

K知道男生不喜欢自己，却没有想到对方这么不喜欢自己。那时候情窦初开，不曾想过什么可能与不可能，也不曾想过原来一个不喜欢你的人无论用什么办法都改变不了。

那时候，K觉得喜欢一个人是一件特别辛苦的事情，比解出数学试卷最后一道大题难多了。可K总安慰自己，只要用心付出，对方总会被自己的真心打动，就像只要把这一类的题型全部做一遍，就没有解不出的答案。

然而，因为她的偏执，让她不知不觉地变成了众人眼中的笑话。会有女生窃窃私语，说她不自量力，对方怎么可能会看上她呢。但或许就是因为这股偏执劲，K丝毫不在乎别人怎么看待她。

感情里的她骁勇善战，却被伤得遍体鳞伤。

校园里一直流传着的关于K的笑话是压垮她的最后一根稻草。高三毕业后，K勇敢地向男生表白，男生直截了当地拒绝了她，说他们并不合适。K难过地跑去男生家的楼下哭了一整个晚上。她以为男生会可怜她，下楼安慰几句，可是她怎么也没有想到，自己在炎热的夏夜里等待了那么久，也没有等到对方出现。

后来，K才知道那天晚上她找错了男生家的楼牌号。这件事情不知道怎么就演变成了全年级的一个笑话，大家戏谑地说，K哭了一整晚，结果根本不知道自己哭错了楼。

幸运的是，K 的学习成绩没有因为这件事受到影响，考取了北京一所非常不错的大学。而那个男生去了江苏的一所大学，两个人之间的距离更远了。

K 说她曾经去找过那个男生一次，她说没抱希望，只是很想再看对方一眼，算是为自己的青春画上一个句号。K 买了机票从北京飞到江苏，在男生的宿舍楼下坐了一下午。她也的确等到了那个男生，但她已经不再是高中时那个傻里傻气的小姑娘了，K 没有上前打扰，只是默默地看着男生背着书包，骑着车子去上课。

那天，K 游览了男生就读的大学，知道对方在的这个地方环境不错，就放心离开了。去机场之前，她在男生的宿舍楼前拍了一张照片。

K 心里想，总算没有找错楼。想着想着，她自己也笑了，仿佛在跟过去的自己说再见。

002

K 大学毕业后，出国念书了，毕业之后回国，在一家制药企业工作，事业一帆风顺，职位步步高升。公司里的人开始称呼 K 为"女强人"，少有人像她一般努力。

几年后，K 被公司派去德国工作。那一年，K 刚二十七岁，因为长了一张娃娃脸，所有人都以为她不过也才二十岁出头。

K 遇见 H 先生是在小区里散步的时候，H 先生那条胖胖的阿拉斯加犬径直冲向 K，一向喜欢狗狗的 K 却被这条阿拉斯加的冲撞吓到了，她向后躲闪，结果没有站稳，一屁股跌坐在台阶上。H 先生上前拉过自己的狗，连忙向 K 道歉，说其实这狗从来不这样，它这样可能只是因为太喜欢你了。

"什么破烂理由啊！"那一秒，K 的心里是这样想的，但鉴于狗狗太过可爱，K 没有太在意。K 说了句"没关系"，继续散步。H 先生又连续问了几句"真的没关系吗"，K 连连摇头。

后来，两个人经常在傍晚的小区里遇见对方，K 下了班换上运动服出来跑步，H 先生则是每日遛他的阿拉斯加犬。起初两个人会简单地打招呼，后来慢慢地也会一起走一段短短的路程。在聊天的过程中，K 知道 H 先生单身，一个人住在这里已经有三年了，今年四十五岁，全部的家当是一家科技公司和这只步入老年的狗。

最搞笑的是，双方在猜测对方年纪的时候都给出了夸张的答案。H 先生猜测 K 只有二十一岁，而 K 觉得 H 先生最多三十五岁。两个人知道真实答案后，都很欣喜对方给出的答案要小于自己的真实年龄。

有一次，H 先生拜托 K 帮忙照顾自己的狗，因为他要去纽约出差一个礼拜。K 那时候正好在休假，加上自己喜欢狗，没多想就答应了。然而她没想到的是，接下来的一周，这条狗几乎要把她的家给拆了。最重要的是，它还把妈妈送给她的一本摄影集咬坏了。

H 先生回德国后，一个劲地替自己这只调皮的狗给 K 道歉，说要请 K 连吃一个礼拜的晚餐。K 心想，这个男人真是人傻钱多，不过也确实该好好补偿自己的损失。就这样，两个人一起连续吃了一个星期的晚餐。

最可怕的事情发生了，在某一天晚餐结束，H 先生送 K 回家后，K 发现自己似乎喜欢上了 H 先生。

虽然 K 也谈过几次恋爱，但都不长久，遇到的几任也都被她归为"渣男"。但 H 先生给她的感觉有些不同。两个人之间的年龄差距，让她觉得 H 先生有一股神秘感，但逐渐了解后，她又发现这个成熟的灵魂深处，其实仍旧住着一个可爱的小男孩。

那种喜欢的感觉，像极了高中时发试卷看到自己喜欢的男生名字时的感觉。这种久违的感觉一下子让 K 慌了阵脚，她的内心燃起一束微小的火苗，但紧接着一场躲在云朵后的雨，熄灭了这火苗。

K 清楚地知道，这是一个不可能有结果的故事，她喜欢上了一个不可能的人。

003

为什么不可能呢？除了年龄差距，更多的是两人之间的各种差异。虽然 K 身边也有类似的例子，但她总觉得这对自己来说是天方夜谭。她也不是不愿意尝试，而是不再想担这个可能注定是"无果"的风险。

K 最终还是迈出了那一步。大概是因为他们许多个夜晚会在小区里遇见彼此，但有几次没有看见 H 先生，K 的心里会觉得空落落的。

K 试着约过 H 先生几次，她像外国人一样把这些见面定义为"约会"。在第三次约会的时候，H先生率先表明了自己的心声，他说其实他离过一次婚，有一个女儿，跟前妻生活在德国的另外一座城市。如果K不介意这些历史，他希望能跟她在一起。

K感觉自己像是被骗了一样，但又被H先生这突如其来的坦诚吓得乱了阵脚。那次约会后，她慌乱地回了家，坐在壁炉前发了好久的呆。她不知道这道题该如何解，就像曾经试图去解开自己心上人的心思一样。

她最后还是礼貌地和这份感情说了再见，K心里明白，她依旧无法跨越那些羁绊她的东西，固然世俗，但她没办法让自己在这份感情中过得舒畅、快乐。在那之后，K很少在原来固定的散步时间点外出散步了，因而也没有什么机会再见到H先生。

后来，H先生搬出了小区。搬走的那天，H先生给K发了一条消息，后来他们一起坐在便利店前面吃了两个冰激凌，然后说了再见。那天晚上，K默默地在小区的绿化带前游转了很久，不知不觉就走到了H先生住的那一栋楼。

K坐在楼前的台阶上，抬头看着没有星星的天空，怅然若失。

明明也没有开始，为什么却像是鲸鱼失去了整片海洋，飞鸟失去了整片天空呢？

K想起了高中时候自己做的傻事，那个哭错楼的小姑娘，仿佛现在就坐在自己的身边，她想要摸摸她的脸颊，告诉她，自己长大了，可能再也不会为一个人哭一整夜了，但是她还是怀念当时的自己，可以爱得那么肆无忌惮。

"我喜欢上了一个不可能的人，跟那个让你难过的人不一样，他

不是不喜欢我，而是我没办法接受这份喜欢。"K 对着身边的那个小
女孩，轻声说道。

　　天空中渐渐冒出了几颗星星，K 站起身伸了个懒腰，回头看了一
眼那栋楼里熟悉的却没有亮灯的窗户，回家了。

找个连你缺点也喜欢的人

001

前段时间，有位读者找我倾诉，她说她的男朋友总是嫌弃她长得不好看，动不动就拿她跟别人比较。

我说他都这样了，你还愿意跟他在一起？

这位姑娘说，因为这个男孩是相亲认识的，父母对他特别满意，在二线城市有套房，工作也平稳，是适合结婚的好对象。父母还总是催促着自己，这样的优股可遇不可求，一定要抓在手里才行。

可是两个人是否合拍，也只有自己相处起来才知道。

在双方父母的极力撮合下，姑娘和这位男孩开始谈起了朋友，起初一切都还算正常，可越相处越发现，这男孩是资深"外貌协会"成员，虽然嘴上不说，但生活之中的各种细节总让姑娘能感受到对方对自己的长相不满意。

于是，这位姑娘就开始想办法改变，平常不怎么化妆的她，开始跟着网上的美妆博主学习怎么画一个可以掩盖住痘印的妆容。什么日系妆容、韩系妆容统统尝试一遍，学习的过程中付出的努力也不少，本以为这样会让男朋友高兴一些，可就算再精心准备妆容，男朋友的话还是会有意无意间伤害到她那颗认真的心。

"你看她的素颜真的绝了，怎么可以长得这么漂亮？"

"你说人家怎么长的啊？将来哪个男的能娶到这么漂亮的老婆，那可真是前世修来的福气。"

"有些女人啊，不化妆也比那些浓妆艳抹的漂亮，人比人气死人。"

这样的话叫谁听了也不好受。有一回，正约着会，男朋友又开始明里暗里地数落起她来，她终于受不了了，二话没说骂了他一句，一个人哭着坐公交车回家了。

全世界都不知道姑娘心里的憋屈，只有她一个人明白这份感情到底是怎么一回事。尤其是到了该嫁人的年纪，关于婚姻的很多问题，常常与父母产生分歧，但因为父母很大的年纪才生下自己，所以姑娘从小到大都不敢违抗父母的旨意。

有一回跟老妈吵了架，差点让她老人家进了医院。姑娘只能一而再再而三地委屈自己，继续苦心经营着这份她越来越不想攥在手里的感情。

在别人看来，可能会觉得这姑娘没有主心骨，会认为她不懂得为自己争取，可这个世界上向来没有感同身受，如果你站在这个姑娘的角色里，面临多方面的压力，你也没办法活出自己，找到自由。

"谁不想做个素面朝天也能美倒一片的姑娘？可是长相这种东西是天生的，爹妈给的，就算你后天努力，学会化妆，或许能改善几分，但有些人无论你怎么改变，他记住的始终是最差的那个你，最糟糕的你。"

姑娘跟我说这段话的时候，还跟我讲了个故事。

有一次，她跟男朋友去大连旅游，因为要去海边玩，姑娘就把妆给卸了，又因为走得匆忙，加上卸妆水不给力，姑娘脸上还带着残妆就出门了。她以为都搞定了，一路上全然不知道自己的脸上还残留着妆，男朋友也不提醒，哪怕引来了路人的侧目。等到了海边要补防晒霜，她才从洗手间的镜子里发现自己的那张大花脸。

她问男朋友，为什么不提醒自己一下。对方却装作自己也不知道，还发出嘲笑的声音。

"你说他是不是在故意看我的笑话？"姑娘发问，旅行的好心情全然消失。

旅行回来后，姑娘终于狠下心来决定跟男朋友分手，但男方的父母来自己家做客时，自己父母那副乐开了花的样子，又让她犹豫了。

当姑娘问我该怎么办的时候，我也有点不知所措，一方面是为了让父母开心，一方面又不想因为满足了父母，而让自己变得不快乐。

人在这个时候做任何一种抉择，都很艰难。

父母的本质想法，可能也是希望自己的女儿可以获得一份让自己可以快乐的感情吧。如果再等一等，再用心地找一找，也许会找到那个真正喜欢"原原本本"的你的那个人。

一直都在委屈自己的感情走不长久，更何况在这份仓促的感情中，每一个人都并未交付真心。

003

听完这位姑娘的故事，我想到自己一直在追的一部综艺，名叫《孝利家民宿》，节目的内容是著名歌手李孝利和她的丈夫作为民宿老板，招待客人的日常生活，节目恬静而治愈，陪我度过了很多无聊的时刻。

最初吸引我去看这个节目的，是李孝利和丈夫是如何相处的。

这位被韩国民众誉为"国民偶像"的美女歌手，在前几年很突然地嫁给了一位低调的音乐人，转而淡出娱乐圈，来到济州岛，过上了隐居般的生活。

美女与帅哥的搭配常常是大众议论的焦点，没想到的是，美女歌手竟然嫁给了一个其貌不扬的男人。网民们议论她丈夫的长相，有人说他配不上女神李孝利，就连李孝利的父母也觉得自己女儿找的这个丈夫，有点太丑了。

但不管别人怎么讲，李孝利就是选择了这样一个男人，两个人一直相爱到如今。

在节目里，我看到夫妇俩许多个甜蜜的小瞬间，一对结婚了好多年还能这样你侬我侬的情侣，实在让人羡慕不已。

或许这才是所谓的真爱吧，他们都找到了真正心之所属的人。

在我看来，相貌和财富是感情中最不容易跨越的第一级台阶，同时也是最容易、最简单，可以被忽略的条件，当两个人的灵魂真正彼此契合，这些客观的因素都变得不再重要。

长得不好看又如何，没有荣华富贵又如何，我爱的是跟你在一起相处时的快乐与满足，爱的是你这个人，而不是你的某种附加品。

这样讲，或许不怎么接地气，但我们畅想的美好爱情，抛去现实的种种羁绊，不恰好就是这个样子吗？

那个总是嫌弃你长得不好看的另一半，那个总觉得你没钱、没本事的另一半，从一开始就没有完全地认可你、接纳你。和这样的人共同相守一份感情，当然会无比疲惫。

我爱你，既爱你动人妆容后的飞扬神采，也爱你素面朝天时的自然与真实。

我爱你，既愿意跟你同舟共济、风雨共度，也愿意与你一起享天伦之乐、恣意生活。

如果茫茫人海中，能找到这样一个可以将你的全部，甚至连你的缺点也照单收下的人，那时候，请你无论如何都要抓住对方的手。

下雨的时候哭比较不痛

001

如果用一句话来总结"我喜欢你"这件事，我想应该是：喜欢你的时候，我变得不再可爱。

我遇见你是在我从巴黎回来的那个夜晚，那是你第一次给我发消息，那时候我还没搬家，我坐在狭小房间的地毯上，吃着从机场打包回来的麦当劳。你回消息的时候一板一眼，会把每句话分好行，会打一大段字，会特别在意标点。你问我旅行怎么样，我说和同伴在游玩期间发生了很多次争吵。你说这是很正常的事情，只要最后你们能和好，这些矛盾都只能让你们的友谊更加坚固。

你总会很认真地回复我的每一个问题，

哪怕是一个我并不是很在乎、随意说说的话题。

你说你想要见我，约了我很多次，但都因为我的繁忙而搁置了，最后好不容易约在那家韩国料理店见面，我还因为大雨迟到了二十几分钟。

第一次见面，你紧张得不敢与我对视，那时候我觉得你真是个可爱的人。其实我也紧张，你知道吗？只是我这个人很奇怪，我紧张的表现不是目光闪躲，而是变得能说会道，嘴巴里像是装了一台马达似的，话不停地往外跑。

我没有正儿八经地谈过恋爱，但与你第一次见面后，我却像是一下子陷进了一张柔软的大床。我们在路口告别，给了彼此一个大大的拥抱。我撑着伞在爱尔兰的狂风暴雨中回家。伞被大风刮坏了，我被淋成了落汤鸡，我却一点都不生气，浑身热热的，心里装的全部都是开心。那天，我在我的微信公众平台里发了一条消息，是在停更很久之后突然更新的一段短短的文字。

我说，我的身边有良人在，大家不用替我担心了。我感觉自己像是恋爱了，那种感觉像喝醉了酒，像躺在阳光下的树荫里，像夏日里一猛子扎进雪碧味道的游泳池。我几乎是笑着入睡的，我反复翻着我们的聊天记录，反复回想着见面时的每个瞬间。一切都美好得像风景一般，那种美好不会存在在教科书里，而会在课桌底下被偷偷传阅的小说里。

或许，真的是我单身太久了，太渴望有一个人能出现在我身边，所以当你不经意地到来时，我的世界里再也装不下其他任何东西。

我们开始进一步地了解彼此，会每天聊很久的时间，会频繁地见面，会为了更靠近彼此而做出力所能及的努力。

像我这么一个懒惰的人，当听到你说喜欢喝奶茶，我便跑去了都柏林最好喝的那家奶茶店，帮你买了奶茶。为了在你的室友心里留下好的印象，我还帮他们也带了一份。

在房间里，我们分享同一杯奶茶，听你喜欢听的音乐，看着光线一点点变暗，到日落，到月明星稀。和你在一起的时间，做什么都不会觉得无聊。

或许我比你更提前一步找到了喜欢一个人的感觉，我沉醉得像春天里的柳絮，肆意地在晴空中飘浮、旋转，就连我也抓不住自己了。

我们一起去过很多家不错的餐厅，吃饭的时候，你会安静地看着我。你终于没有了第一次见面时的那种紧张感，视线交错时，我感受到那种微妙且幸福的感觉。

我想，我真的喜欢上你了。

002

喜欢上一个人时只有快乐的感觉吗？我想并不是。或许，伴随着的还是因渴望而拥有的阵痛。

我们谁都没有勇敢踏出那一步，率先表明自己的心思，都说着走一步看一步，但到最后却走到了陌路。

当我们发现彼此并不是一路人，很难走进对方的世界时，那些藏在美好与心动后的裂缝开始一点点扩张。紧接着的，是刻意地回避对方，甚至失联。当我想要联系到你，而你想要躲开我的时候，就算我找遍全世界，也找不到你。这和最初爱上一个人的时候的道理相同，当你真正挂念着、喜欢着一个人的时候，从纽约到巴黎也不过只是几千公里的距离。

然而最可怕的是，当你开始逐渐离开我的生活时，我却发现自己的生活不能没有你。每日想念，我开始偷偷地在深夜里哽咽与啜泣。我很少哭泣，但喜欢上一个人却给了我面对未知的自己和未知情绪的机会。

我整日把自己闷在房间里，前几日买的樱桃已经腐烂，昨天的咖啡也有些酸了。我像是"等待戈多"，不过是在等待你愿意回复我一条消息，愿意再看我一眼。那些美丽的文字现在失踪了，只留下沉默在冰冷的空气里氤氲。

那时候恰好是都柏林的阴雨天，几乎每天都在下雨，我几乎每天都在想你。

我的室友最知晓我的感情状态，她说她作为过来人，特别想要狠狠地教训我一顿。我们坐在餐桌上，我的眼睛很红，她开始骂我，说我居然为了一个人就把自己的自尊心都吃掉了。我不知道她对我说了多少话，那一刻，我根本听不下去，因为我满脑子都是你。

那晚，我去楼下附近的超市买啤酒，忘记带雨伞，结果又被淋了一身的雨。我做了自己从前最不屑的事情，为了失败的感情而沉溺于酒精，可事实上这却是最简单也是最痛快的解愁方式。那天晚上，室友陪着我，她看着我喝酒的样子，情不自禁笑出来。

"知道吗？我第一次分手的时候跟你一模一样。"

"可我们甚至都没有在一起，就分手了。"我忘记自己喝了多少酒，只记得喝到最后，已经完全忘记了自己，我开始哭泣，声音很大，吵到邻居过来敲我们的门，说是要报警。

这个世界没变，一切还是按照它该有的秩序进行，我的悲伤也只有自己承担。

那天晚上，我完全不知道自己是怎么睡着的，只记得脑袋像是沉入了大海，眼睛一闭上就陷入了无尽的黑暗。我生怕晚上也梦见的是你，所以要灌自己更多的酒，直到失去意识。

003

第二天一觉醒来，我发现自己得了重感冒，高烧接近四十度。

室友给我做了吞拿鱼蛋卷当早餐，她留了一条语音信息给我，大意是让我吃完赶快振作起来。

我忍着嗓子的剧痛吃下那份早餐，可一吃完就在厕所里全吐了。彼时，看着镜子里的自己，脸色蜡黄，没有血色，仿佛真的像她所说的那样，这一份感情现在带给我的结局就是，我越来越不像自己，越来越没有自尊心。

从前那么一个懂得爱自己、照顾自己的人，现在却变成了这副模样。我不敢看镜子里的自己，害怕悲伤的情绪再次袭来。

那天，我在房间里待了很久很久，其间，母亲给我发了一条消息，问我在做什么。一个从来不会说"我想你"的人，在那一刻却毫无征兆地发过去一条："妈妈，我好想你。"

妈妈回复了一句："儿子，我也很想你。"

也正是因为这句话，我的泪像是决了堤的水坝。明明这个世界上有那么多一直在爱我的人，为何我却为一个不爱我的人而折磨自己？

如果因为喜欢一个人，而变得不酷、不可爱的话，为什么还要继续坚持下去呢？我在泪水中似乎明白了某些道理，懂得爱一个人固然重要，但在任何一种爱里，都需要学着去保护自己，因为那不仅仅是为了自己，更是为了这世界上所有在默默爱着你的人。

那天之后，我仍旧试图去联系你，只是目的不再是想要挽回些什么，而是想要弄清楚我究竟失去了什么，得到了什么。室友劝我没必要再为不值得的人而坚持，而我说这是为了自己，也要去跟你见最后一面。

004

最后一次见面是在我们之前去过的一家亚洲茶馆。这一次的你，像我们第一次见面一样，眼神有些闪躲，但我知道你不再是因为害羞，而是因为不知道该如何面对我、面对当下的场景。

我们聊了许多，从认识到现在，像是梳理完了一段漫长的历史。遗憾的是，在这历史的尽头，注定的是匆忙告别。

其实对于感情而言，也没有什么需要过多解释的，不喜欢就是不喜欢，再怎么努力都是徒劳。

那天告别后，我一个人回家，耳机里放的是一首欢快的音乐。过马路的时候，匆匆的人流从身旁经过，我也穿过他们。在某一瞬间，大概是那首欢乐的歌刚刚达到高潮的时刻，我突然感觉到如释重负。

　　我喜欢你，是因为你出现在我世界里刚刚好的时机。我不想放开你，是因为我不想放开用力喜欢一个人的自己。

　　人们都说下雨的时候哭会比较不痛，因为泪水都随着雨水流去了别处。

　　或许我仍旧会期待一个人的出现，期待我为了这个人全力以赴，甚至飞蛾扑火，但我想，无论这个人是否会出现，何时出现，更重要的是，我需要学会的是保护自己，爱自己。

被爱之后，爱人之前

001

K是从什么时候明白，自己无非是他身边一个可有可无的角色的呢？过马路的时候，他下意识地帮身边的人拦车，车辆从眼前急速穿过，溅起雨天路边的一摊水，那摊水触碰到K的小腿皮肤，冰凉且肮脏。

K看着他的手自然地落下，问身边的那个人"你没有被溅到吧"的时候，K的心里像下了刚入秋的第一场雨。

被拦住的那个人不是K，而是K喜欢的男生的大学学妹。

K低头看了眼被挂上泥点的小腿，继续走路。三个人在第二个十字路口分开，K向右走去搭地铁，另外两个人撑着伞，在等出租车。

K 走进地铁站口后，回头看了一眼两人远去的背影，从包里掏出卫生纸，把腿上的脏东西擦拭干净。

她给室友发了条短信，说不用等她吃夜宵了，她刚坐上地铁。

室友问她约会还顺利吗，对方有没有给一些什么新的信号。

她只是斩钉截铁地回了"没有"两个字，在发送成功前的最后一秒钟，手机信号被地铁切断。一刹那，她仿佛与全世界都失去了关联。

那个女生为什么会出现在这个约会的晚上呢？K 也摸不着头脑，她明明记得自己和男生在一家西餐吧里安静地喝着白葡萄酒，然后那个长得比自己可爱、说话声音也更哆的女孩子便一蹦一跳地出现在了他们面前。

她是男生的大学学妹，现在又刚好在男生所在的公司里做实习生，一来二去，两个人热络地聊起天来，男生索性给这个突然出现的学妹搬了一把椅子过来，又多叫了一杯酒，还点了鸡块和洋葱圈。

K 完全插不进去话，听两个人侃侃而谈大学的事情，她像个局外人，她的唇在杯沿游走，白葡萄酒触及她的齿尖，但她完全没有想要细啜一口的欲望。

002

K 喜欢上这个男生已经有两年的时间了，他们是在公司联谊会上认识的，彼此年龄相仿，事业也都在上升期，所有人都看好这对璧人，但男生突然跳槽去了另外一家公司。

K 从来没有觉得自己会如此喜欢一个人，毕竟她骨子里是个骄傲的人。大学以排名前五的成绩毕业，一毕业就进了这家众人羡慕的公司。她不轻易对男生留情，却也好奇什么样的人会成为她愿意停留的寓所。

那段时间，男生恰好面临着一堆工作上的难题，所以整天找 K 倾诉。K 喜欢他皱着眉头向自己倾吐时的表情，他抽电子烟，烟雾缭绕间，那张脸充满了魅力，倘若在微笑的时刻，K 便控制不住地想要一直盯着对方。

K 讨厌抽烟的人，但遇见了男生以后，这种讨厌都合理化成了例外。

有一天，男生跟 K 说，这个公司实在待不下去了，他害怕自己因为站错队而导致最后一无所获。听了这话，K 就问朋友有没有什么合适的工作机会，帮他找到了跳槽的下家。爱一个人的时候，愿意为他做一切事情。这个道理，K 起初是压根儿不信的，而当她有一天刷到一条类似的微博时，她转发了。似乎是从喜欢上他开始，K 变得多愁善感，微博里转发的都是感情箴言、心灵鸡汤。

朋友们问她，为什么这份感情的战线拖得这么长，K 每次都强颜欢笑，说还未到时候。后来朋友就不再问这个话题，而是开始有意无意介绍其他异性给 K。

K 试着去表达自己的心意，但男生的态度总是模棱两可。在 K 决定放弃的时候，男生又释放出强烈的信号；在 K 决定坚持的时候，男生又刻意保持距离。

K 也觉得懊恼，就算室友说她在购物广场看到男生和别的女生亲昵地在一起，她仍然觉得不可能。没有人能搞清楚这段感情里各自的状况，就连 K 自己也是。

闺密劝她放弃，天下的好男人多的是，K 被说得头昏脑涨，转脸去看手机，男生迟迟不回短信，她的心里特别难受。

为什么不能放弃呢？ K 说因为自己付出了太多，她觉得这些付出值得一个肯定的结果。

003

她所谓的付出，是脑海中"爱一个人"的等价替换物。

对方在应酬中醉得不省人事，K 打车去他家照顾了一个晚上，收拾呕吐物的时候，她觉得自己像极了一个保姆，但心里却是满足的。她环顾对方在三环租的这间小屋子，仿若自己是个爱抱怨却深爱着对方的女主人。

她熟悉对方的一颦一笑，知道他对杧果过敏，不吃内脏。这些认真了解一个人而付出的汗水与努力，被她认为是恋爱中最重要的调味品。

这些，也是她从未对 J 做过的事情。

J 是 K 的前男友，也是她的第一任男友，大学的时候，J 苦苦追了 K 两年，大三那一年两人走到一起。

J 是体育系的，皮肤黝黑，不是漫画里的白净少年，也不是偶像剧里身材挺拔的霸道总裁，只是一个普通的可以在操场上飞驰的男生，并不是 K 的理想型。

故事久远到 K 已经忘记两个人是如何遇见并认识对方的，K 只记得 J 身上总是有一股汗味。为了遮盖那汗味，每次见面前 J 都会洗两次澡，然后喷上香水。J 并不怎么会打扮自己，但为了见面，还是用了不少心思。

但这些努力似乎都不会让 K 对 J 的好感度增强。

感情是可以慢慢培养的，这个道理对于 K 来说，是个伪命题。

为什么还会选择跟 J 在一起呢？朋友总是这样问 K。

K 说因为 J 对她太好了，好到她会因为不跟他在一起而感到愧疚。但其实，还有一个原因是，K 当时的大学室友全都一个接着一个地脱单，她也想有人嘘寒问暖，也想有人买夜宵送到她楼下。

而 J 刚好是这样一个角色。他们之间的感情，没有太多的涟漪，一直慢慢悠悠地维系到了毕业。毕业前的一个饭局上，K 不知道怎么就喝断片了，朋友用她手机打给 J，J 骑着他那辆自行车，一路飞驰，找了附近的一间旅馆，把 K 安顿好。

K 吐了 J 满怀，J 忍着漫天的巨臭，帮 K 擦了身体。K 看着忙忙碌碌，透着一脸傻气的 J，突然心软了一些。

有很多时刻，她也想让自己喜欢上这个男生，可她试了无数次，还是做不到。和不喜欢的人在一起，到底是对自己的惩罚还是对另外一方的折磨呢？

那时候 K 还不明白。

004

毕业典礼的前夕，K 跟 J 和平分手，K 以为 J 会歇斯底里，可对方却以一种轻描淡写的方式从 K 的生活里悄然消失。K 甚至没有感受到情侣分手的实感，没有撕心裂肺，于她而言像是一场旷日持久的冷战结束了，从而得到了一次莫大的宽恕与释怀。

K 后来在工作的城市遇到 J 的大学室友，才明白，所谓的没有说一句话的离开，无非是因为不想让离开成为对方的一种负担。据说，J 喝得酩酊大醉，在床上躺了几天，连毕业典礼都没有参加，之后买了火车票，一个人去了云南，像是彻底跟世界失去了联系，后来回来时，J 整个人瘦脱了相。

爱一个人，只想她过得快乐。如果自己的离开能让对方好受一点，那么就带着微笑说一句"再见"，再静默无声地离开吧。多年后的 K 似乎才懂得这个道理，她内心的愧疚一层一层叠加起来。可愧疚又有什么用呢？她不敢看 J 的微信朋友圈内容，更不敢去打开那些尘封的回忆。

不喜欢的人，从一开始就不要在一起。

那晚回到家后，雨才稍微停歇。K 冲澡的时候，微信上收到了当晚遇见的学妹的好友请求，K 同意后，自然地点开了对方的朋友圈，发现对方已经更新了刚才吃饭的照片，但是合影中只有两个人，K 的位置被巧妙地截去了。画面里的女生笑得灿烂，陌生人难免会误解这是专属于两个人的约会。

这条朋友圈让 K 心里不悦，她试图揣测那个小学妹的意图，可就算是怀着什么目的，K依旧无计可施。

从她被汽车溅了一腿泥的那一刻开始，她已经体察到了什么，从而陷入一种无能为力的悲伤当中。

已经入睡的室友被K吵醒，K钻进对方的被子里，搂住当下唯一可以倚靠的人哽咽起来。

"我想要放弃了。"

"为什么？"

"爱一个人比被一个人爱累好多。"

窗外是车流的声音，在这静谧的雨夜里显得凄凉和孤寂。没有人可以给她准确的答案，也没有人可以轰轰烈烈地走进来，再安安静静地离开。

被爱之后，爱人之前，K依旧找不到天平的平衡点。

005

男生跳槽到其他公司这件事，是托了K的福，但K把这件事小心翼翼地埋在心里，不敢让同事和公司知道。可也不知道哪天，这件事在公司里传开了，领导找她开了小会，言语锋利得让她出了一身冷汗。

她去茶水间倒了一杯咖啡，一个人躲到洗手间的隔间里。她总是这样，每次紧张不安，就会猛灌咖啡。她坐在马桶上，看着天花板上的灯管，杯子里的咖啡不小心烫了嘴。

她突然想起，大学时候有一次去吃韩国料理，J用嘴把勺子里的汤吹了吹，再喂给自己，那一刻，她嫌弃无比，觉得有点脏，也觉得在公共场合有点尴尬。

她也记得，有一次跟喜欢的男生去吃麻辣小龙虾，她把虾剥好递给对方时，男生却只顾着回复手机里的信息。

这两段记忆被莫名其妙地拼凑在一起，让她觉得像是上帝在暗示着什么。

就在她起身按下马桶冲水键的时候，手机里传来了一声提示音，是男生的消息。她刚站起身的身子又重新坐回去。

她点开界面，咖啡入口。

紧接着，洗手间里传出猛烈的咳嗽声，K 被那一口咖啡呛住了。准确地说，那条来自男生的信息让她整个人都慌了阵脚。

对方洋洋洒洒发了一段文字，意思大概是想要结束这段不清不楚的关系，因为家里介绍了一个合适结婚的对象。

"父母之命不敢违"，是那条信息里最让 K 觉得刺眼的部分。

她试图让自己以最快的速度冷静下来，她连续按了四五次冲水键，杯子里的咖啡早已经在这污浊的空气里冷掉了。

006

"喜欢你的人，总是顺路来看你；不喜欢你的人，总是绕路躲着你。"

这是 K 最后一次转发的微博，转发成功后，她关了机，然后窝在沙发里。

上帝是公平的，她冥冥之中感觉到，此刻的自己似乎就是当初的J。

那条消息，K试着以各种情绪和表达去回复，她删了又重写，写了又删，最后还是决定让输入框留白。

她想像J一样不露声色地告别，默默地为这个故事画上一个句号。

"可是爱一个自己爱的人，要比爱一个自己不爱的人快乐，不是吗？"

那个雨夜，身旁的室友最后问了她这样一个问题。

她不知道该如何作答，只是闭上了沉重的眼睛，躲在了冗长的睡梦里。

前任也曾是对的人

001

提起前任，该配以什么表情才是正确的呢？

有的人云淡风轻，说早已释怀；有的是痛骂渣男，嗤之以鼻；有的则面带微笑，还能捉起些光阴回忆起往事。

关于前任，总有说不完的故事。

前些天跟朋友去吃饭，她和刚结婚一年的老公一起，我充当电灯泡。不用多说，新婚不久的小夫妻自然是甜得发腻。

她的老公爱喝鲜榨果汁，她在等他找停车位的时候，在餐厅里提前点好果汁。因为纯榨果汁需要现做，停车花掉的工夫，恰好是现做一杯果汁的时间。

她呢，胃口特别小，我们点了一份法式鸡肉荞麦饼，她吃了两三口便吃不下了，这时，她老公就会帮她把剩下的处理干净。最后他们的盘子里一点残余食物不剩，活像个人肉洗碗机。他在饭桌上打趣道，说自己在家也是个垃圾桶，每天帮她处理剩下的"饲料"。

气氛很愉快，让我嗅到爱情的甜味。吃完饭，她老公把车从地下停车场开出来，我跟她继续坐在餐厅里等待。

她摇头晃脑地问我，觉得她老公怎么样。

我说很靠谱，关键还有文化，聊什么话题都能接上几句，比大多数男生有趣多了。

她又问我，猜他们谈了多久。

我瞎说了几个数，她都摇头，最后给了我一个答案：五个月。

五个月就结婚了？这应该算得上是闪婚了吧。我特别诧异，也特别纳闷，因为她向来是一个做事情特别慎重的人。之前工作那会儿，每天的工作报表，她写得比谁都认真，每个时间段该做什么事情，一点都不马虎。

在短短几个月之内就决定与对方相守一生，不像是她的作风。

我问她怎么那么快，她说，因为前任耽误了她太多的时间。

002

好像等待了漫长冬天的人，会更加期盼春天的到来；就像曾经受过伤的人，也更渴望一个人来修复她的旧伤疤。

那十年大概就是无数个漫长的冬季吧，伴随着难以愈合的旧伤疤。

说想不起来、已经忘掉，其实都是假话。"疤痕体质"的人，一丁点儿的伤痕都将会长久地刻在他的皮肤上，无数次不经意的注视下，都会提醒着他过去的存在。

爱情里大多数的我们，都曾度过一段与伤痕惜惜相拥的时光。

朋友说，她跟前任在一起了整整十年，从大学到毕业，毕业到进入社会，从厦门到上海，上海到香港，香港到华盛顿，最后一年甚至已经到了谈婚论嫁的地步。

就在这个时候，她曾经认准了的人，背着她让另外一个女孩意外怀孕，还企图一直瞒着她。

可十年相处的默契与通透，让朋友很快洞察到了其中的细碎盲点。

在被扣上"渣男"的帽子之前，朋友怎么也没想到，这个陪自己走过了大好青春光阴的男人，竟然能做出这种事情。

朋友是接受过高等教育的女性，脑袋里有一套对爱情的理解，无论身边朋友再怎么开导她，她始终让自己试图去理解那个男人，可理解得越深就越迷茫，自己为什么曾经那么信任他，觉得他是这个世界于她而言最"刚刚好"的那个人？

感情这道题，与学历从无关系。

因为，我们在与另一个灵魂相爱的时候，爱的往往是彼时彼刻两个灵魂之间发生的奇妙反应。

这种反应时而盲目，时而率真，时而冲动。

就像那些情感节目里接受感情调解的男女嘉宾，在由爱一步步转变为厌恶的过程中，也都曾觉得对方就是对的人，也曾被对方身上的一点一滴吸引。

相爱的时候我们追逐一个答案，那个答案是隧道的终点，是相守的诺言。

但当感情走下坡路濒临割裂的时候，我们才清晰地反应过来，原来爱大多时候是没有答案的。

这一个个未知的问号，让我们渐渐地学会了规避盲目，学会了识别，学会了自我保护。

所以，没有给我、给你想要的答案的前任，也曾是我们企盼的良人。

003

朋友说，她后来还是把这个带着"十年回忆"标签的男人，变为了前任。前任之后有无数次到处打听她的消息，想要挽回，但朋友的态度都很坚决。

她愿意存留这十年有关幸福的回忆，却认定了无法再做回十年前的那个自己。

这是前任给她上的一课，像极了她之前绞尽脑汁也解不出的高数题。

写下第一笔时的思路再正确，答案不对也没办法。倒是因为这犯过的错，才知道下一次时，从一开始就要换种解题方法。

这也是为什么她五个月就结婚了的原因。

告别渣男后，她告诉自己，要绝不后悔地从前任的故事里走出来，于是就认识了现在的老公。

"不知道为什么，我就是认定了他，前所未有地笃定。"

朋友一直重复，说这次不会错了，因为那堂为期十年的课，她已经下课了。

但谁又能说得明白呢，作为朋友，我只能在一旁真诚地祝福。

在她老公打着双闪、把车子驶向我们时，我问她，那你现在还厌恨前任吗？

她说没那么严重了，相比厌恨，反倒是那又傻又天真、以为一切都是对的那十年，让她又欢喜又蹙眉。

001

我跟老纬是初中认识的，那时候只是前后桌，为数不多的交流就是互相抄抄作业。她是个有点特别的女生，虽然个头不高但身材壮实，长相比较普通，班里那些调皮捣蛋的男生给她取了个外号叫"壮冬瓜"。她的性格有些冷僻、古怪，大部分男生甚至还有一小部分女生有事没事就去捉弄她、嘲笑她。十几岁的年纪，思想行为都特别幼稚，那时候觉得是小打小闹的事情，成熟一点儿再看就会不禁颤抖。

印象深刻的一次，大冬天的，早读结束后要打扫卫生，刚拖完的走廊特别滑，稍不注意就容易摔倒。几个男生故意使坏，在她经过走廊的时候把她推倒在地，再嘲笑她是"死猪打挺"，她被欺负惯了，也不怎么反抗，踉跄着起身，用卫生纸擦了擦身上的脏水污渍，朝那帮男生们骂过去一句"神经病"，就回了教室。

我是怎么知道这件事的呢？那天上午跑操，她请假了，假条是让我帮忙带给老师的。我问她没事吧，她摇摇头，挤出一个笑容，让我别在意。

跑操结束后有二十分钟左右的活动时间，因为要补作业，我提前回去了，一进教室就看见老纬在那里喷药水，走近一看，才发现她的胳膊和小腿有好几处瘀青。

当时不知道哪里来的勇气，我说要去找那些男生算账。老纬说，算了吧，你别打不过反而被他们打了。我说那我就去告诉老师，老纬说，那样你估计会死得更惨。

挺可悲的，在那个年纪，我们面对校园暴力甚至校园霸凌时，是那么软弱无力。

002

说实话，那几年我也没有比老纬好到哪里去，也是大家"不待见"的对象。初中的时候我很胖，性格还有点懦弱、胆小，因而常常成为很多人的整蛊对象。有时候玩笑开得太过了，就跟对方打一架，可输的常常是自己。

说实话，那时候没有多少人愿意跟我们俩这样的"少数派"成为朋友，仿佛靠近我们就意味着也要变成大家排挤的对象。很多时候，我觉得自己跟老纬特别像，或许也是因为这个，让我们产生了一种惺惺相惜的感觉，在这种感觉的包围之下萌生了一种革命般的友谊。

我们分享着彼此的心里话，成为彼此那个年纪存放烦恼与忧愁的保险箱。她生病在校医室挂水，我就承担起帮她打饭的重任；我犯懒不想去跑操，她就帮我跟班主任找借口混过关。在那个年纪，这些微不足道的细节，足够支撑起一份稚嫩的友情。

可就是因为这份友情，又让我们陷入尴尬的窘境。学校的贴吧里经常有各种八卦帖被一直置顶在前列，不知道是谁恶搞我们俩，把我们的照片挂在帖子里，写着"死猪男和死猪女谈恋爱"之类的谣言。

于是在很长一段时间里，我们两个人在学校几乎沿着墙根走路，忍受了无休无尽的嘲笑与讽刺。软弱让我们把一切希望都交托给了时间，也不敢告诉家长和老师，只希望大家的议论会随着时间慢慢消散。

那时候老纬跟我说，她做梦都想离开这里，她恨不得明天就是中考，后天就毕业。

003

后来，我们约定考同一所高中，上天倒是没有眷顾我们，而是让

232

我们去了同一座城市的两所高中。我们逐渐了有了各自的生活圈子，也终于告别了初中那样难挨的日子，她变好看一些了，而我依旧肥胖。

虽然见面的时间变得很少，但还是在周末的时间，一起出来聚一聚。

我们在肯德基餐厅分享自己学校的八卦，在游戏厅一起疯狂地打爆老虎机，瞒着父母去网吧通宵玩游戏。

我们曾因为她暗恋的男生是个渣男而吵过架，也因为一起出去旅游闹过不愉快而冷战几个月，更因为一句过嘴瘾的伤心话而彼此删除好友。

有很多次，我都怀疑我们的友谊可能走到了尽头，男生与女生之间可能真的无法拥有同性别之间的那种友情，注定存在着无法跨越的隔阂。

然而每每没过多久，我们又会和好如初，这种念头又会被一步步击溃打散。

就这样一步一步地走到了高三，我们报了同一个周末补习班，再次成为"同班同学"。那时候，她的成绩不太理想，补习班课堂上的内容经常跟不上，因为这个，她常常抱怨自己没用，什么大学也考不上了。

有时候觉得朋友之间的友情其实用一句话就可以概括，大概就是"我希望你过得好"。于是，我开始匀出一大半时间帮她一点点补习，在督促她学习的过程中，彼此之间又发生过许多小摩擦。

不过好在最后的结局是好的，她成功从二本的分数逆袭，高考考上了北京的一所一本大学，而我去了遥远的南方的厦门大学。她学法律，而我读中文。

004

从那一年开始，我和老纬之间的距离变成了好几千公里。我们开始过着不一样的生活，感受不同的天气，身边是不同的人。

但有时候又会觉得，其实我们之间相隔得并不远，只是隔着一个手机屏幕而已，我们依旧可以看到彼此的生活。

距离与爱情是一个永无止境的议题，相比之下，却很少有人拿距离与友情分析一二。

上大学以来，我才逐渐地意识到，我跟老纬的友情发展到了一种彼此舒适的状态。

我们不再像儿时那样无尽亲密，一日三餐待在一起，而是保持着一种刚刚好的距离。在这段距离坐标的两头，我们拥有各自完整的生活。虽然这种距离势必会让我们对彼此生活状态的了解程度下降，却会让友情不再只有"相互依赖"的单一属性，反而更具独立性。

恰好也是因为这段距离让我们更愿意倾诉与分享。有时候，会发现自己有些想法和心事碍于种种原因，无法分享给身边的人，反倒愿意打一通长途电话给远在北京的老纬。我们会在电话里讲自己那些无法跟周围人倾诉的烦恼与心事，说那些只有我们两个人懂的小秘密，大聊特聊理想和远方。

每次跟她交谈，从来不需要去考虑脆弱的自尊心，只会觉得这个世界上真的有人懂你的内心而万分感激。

记得老纬跟我说过一句话，她说，就算我们逃离了不美好的过去，她努力变美，我减肥成功，可依旧改变不了骨子里的自卑。

当她说完这句话，我才意识到，原来我们注定要成为这个世界彼此相互依靠的两个灵魂，友情之上，爱情之下。

这些年，我偶尔会去北京参加一些活动，每次去北京，她不管有多忙碌，都会抽空陪我出来转一转。有时候，我们就随便找一家咖啡馆，什么也不做，聊一下天，直到黄昏再出去觅食。

即使因为不同的生活环境获得了不同的成长与价值观，也可以包容地去倾听与接纳对方的感受。

不视友情中的彼此为救命稻草，而是一同分享、见证成长历程的精神陪伴。

好久不见的时候有聊不完的话题，待在一起的时候又可以接受彼此沉默。

我想这就是好朋友之间最舒服、最惬意的相处状态。

现在的老纬和我都大学毕业了，她留在了北京，在一家律师事务所就职。用她的话说是，正式开启北漂生涯，而我选择成为一名"沪漂"。

我依旧记得我们一起共患难的岁月，也正是因为那段时光，让我们变成如今茫茫人海之中，彼此的休憩之所。

喜欢你

001

十五六岁的时候，对"喜欢"这个概念有着单薄的认识。

那时候，我在上高中，暗恋一个女孩子，她坐在我旁边的旁边，留着利落的短发，睫毛很长。

无法准确地定义是在什么时候对她产生了这种奇妙的感觉，只是在人群中见到她的时候，在不经意与她目光碰触到一起的时候，会害羞地隐藏起自己，或者错开角度。

喜欢上一个人，与她有关的每一秒都变得郑重其事。

我变得细心了一点，仔细算好跑操结束后队伍疏散的时间，然后争取制造出巧合，同她一起回到教室。

我变得暖心了一点，她说她饿了，我就在下课的时候用百米冲刺的速度跑去食堂给她买点充饥的小零食。

我变得逞强了一些，放学回家天太冷了，没关系，我把校服给她做外套，下雨天她忘记带伞，没关系用我的，我可以顶着书包一路飞奔回家。

当发现有一个人在我的脑袋里，在我的生活里，出现得越来越久，因为她的存在自己也逐渐发生越来越多的变化时，身体里的另一个我似乎偷偷在说着，你喜欢上一个人了。

002

就在我创造了无数次不经意的偶遇，幻想过无数次我们走在一起的画面后，我开始想，我们真的有可能吗？

倘若没有这些刻意的偶遇，她会注意到我吗？

于是，一种焦虑缠绕、自我怀疑的情绪在心里缓慢蔓延着，许多次在洗漱的时候，看着镜子里面的那个自己，肥硕敦实的身躯，并不出色的五官，心里面的光一点点暗下去。

相比梦境中那个可以聚拢阳光的她，我像个黑洞。

"我配不上你，你肯定不会喜欢像我这么胖这么丑的男生。"在镜子前喃喃自语的同时，叹了口气，冲去泡沫的牙刷孤零零地立在漱口杯里，孤独得和那时的自己别无二致。

当我开始不断地自我拉扯，冲动的内心被自卑的心理不断瓦解时，我发现我们之间如同有一道鸿沟。虽彼此未曾提起过，但我明白仅仅靠着内心的冲动，自己很难跨到彼岸。

身体里的一个小人，劝慰着我要勇敢，另一个小人则告诫我要趁早放弃。这时候，终于拨开迷雾，原来，我真正地喜欢上了一个人。

再后来，她身边那个比我勇敢的人率先告白，而我仍旧蜷缩在角落，看着两颗心热络，一颗心失落。

她不再跟我喊饿，因为那个他会准时在课间出现，手里抓着零食。

她不再跟我偶遇，因为她曾经一个人回去的路，有了人陪。

我也不再期待雨天的到来，因为我的伞再也保护不了她。

曾经喜欢的冲动逐渐像飓风过后的岛屿，泥土流失，雨水随着地势流入大海。我开始妥协，试图强行把对方从自己的脑海中抽离。

可是没用，我还是不经意会留意到她和他，还是会在我最不想遇见她的时候，遇见她和他。

偶然得来她的问候，像烫手的山芋，意欲抓紧却又想丢弃，痛骂自己不争气，我还是视她为珍宝，无法光明磊落地忘记。

当冲动化为浓雨后的初雾，我开始学着去放弃，转念成全祝福，嘴硬说着"只要她过得幸福，我就知足了"，心里却怅然若失。

心里的小人开始嘲笑自己是个没用的家伙，我比谁都清楚——

喜欢上一个人容易提起，喜欢过一个人最难忘记。

这个年纪的"喜欢"，拥有最单纯的定义，它是午夜转瞬即逝的昙花，是杰古沙龙冰河湖上空的流星，是江户川乍见之欢的烟火，还是回忆里无法重来一遍的自己。

二十几岁的时候,似乎更懂了一些"喜欢"这件事的苦衷与不容易。

二十一岁,爷爷在睡梦中与世长辞,记得在他最后半梦微醒的时刻,他开始呓语,呼唤着奶奶的名字,眼角的泪水填满皱纹,在干涸的皮肤上留下一道浅浅的痕迹。

奶奶去世后,爷爷的身体每况愈下,神志不清的时候会大小便失禁,嘴巴里最常念叨的是奶奶的小名,念着念着就开始啜泣。

奶奶自小不识字,嫁给爷爷后才过上好日子。爷爷生性暴躁,大男子主义。旧年岁里,男尊女卑,女子不能上桌吃饭,奶奶受了不少委屈。

伺候了爷爷一辈子,几十年吵吵闹闹,无数次吆喝着要离婚,可还是这样走过来了。不料,年轻时做农活落下了病根,颐养天年之时离开了人世。

恼人的邻里说了句,怕是这老伴也活不久了。一语成谶,奶奶去世不到一年,爷爷也驾鹤西去,跟奶奶葬在了一起。

头七的那天,一家人哭天抢地,烧成灰的纸冒出些火星子,转眼间在空气中消失。

我的脑袋里在回放的是,奶奶还活着时向我诉苦,说爷爷怎么欺负她、让她受气的过往。

那时候,我寄宿在奶奶家,奶奶总是抱怨爷爷酗酒,喝醉了还乱骂人。为此,我还做了好多回和事佬,分头安慰两位老人。

埋怨、吃气、解气,成了生活日常,也是老两口相互搀扶着走下去的动力。

"喜欢"这件事在这把年纪，突然拥有了新的定义，不再是沸腾的多巴胺跟费洛蒙，变成了每月按时交给老太婆的退休金，变成了灶台间老头最爱吃的那份韭菜炒蛋，变成了争吵过后彼此温柔下来的视线。

004

对于爷爷而言，生命走到尽头的一年里，他无数次忏悔自己没有好好待奶奶，未能真正让她过上好日子。

他常常一个人坐在阳台，微开着窗子，凝视着奶奶生前种下的小辣椒，一语不发，一坐就是一整天。

他也常向我提起有关他们的回忆，是怎么认识的，提亲的时候是什么情形，奶奶生下老三时家里发生了什么。

每每此时，我能看见爷爷的眼眶湿润，下巴微颤。他言语间充满悔意、罪过，却无法追回离开的奶奶。

人老了，对"喜欢"的表达或许就会变成如此吧，不再轰轰烈烈，不再浓墨重彩，只余下满心的忏悔和内疚，消解在哀婉的叹息里，消解在浮起泡沫的酒里。

真正喜欢上一个人，这个议题永无答案，没有走到最后的人无法笃定地在人生落款处签字盖章，但它却埋下了相守的信念跟诺言，发誓要陪着她一起皱纹满面，沧桑满裳，仍要一起看日出日落。

爷爷紧随着奶奶而去，这般"喜欢"到头的结局，或许亦是上天的眷顾，怕奶奶一人太孤单，怕爷爷一人太难过。

如今，阳台的辣椒被我移到了自家，被悉心照料，年年复生出果实来。

就正如这由青至红的果实，"喜欢"也因为年纪的增长而生出些新的寓意。它或许不再如涨潮般澎湃激情，却若红日般朝来夕往永生永存。

它是北极夜空中不朽的北斗星，是永不枯竭的太平洋，是四季多雨的乞拉朋齐。

也是回忆里永恒珍藏的自己。

世界曾赠她一个奇迹

001

　　她后来再没有跟任何人说过她的初恋。有一次，公司部门聚餐，大家突然把话题的中心转向她，问她有没有谈过恋爱，看她一直都是一个人来来往往。她笑笑说，自己真的从来没有谈过恋爱，不然也不会在所有人都不愿意加班的时候主动留下来。

　　她总是说，没关系，反正我单身，回家无非就是点个外卖刷个视频，也没什么其他事可做，不如留下来加个班，还能多拿加班费。

　　大家开玩笑说她是深藏不露，至少肯定有过喜欢的人。但也很快，话题的中心从她身上转移，同事们开始聊起公司里的某个八卦，说谁谁正在跟谁谁进行办公室恋情。

她没心思参与这样的话题，只是自顾自地吃着面前的日式烤串。食材是鸡软骨，口感很嫩很脆，照烧酱也调制得恰到好处。她细心咀嚼着的时候，看了一眼窗外的风景。十字路口有一对情侣正在等绿灯，准备过马路的时候，一辆电动车突然驶过来，男人迅速地环住身旁女人的腰，把女人安全地拉了回来。有惊无险，一切都刚刚好。男人拉着女人的手快步跑过马路，时不时回头看一眼她。他们有说有笑，甜蜜得仿佛不受整个世界的打扰。

她拿着一根竹签盯着窗户，直到马路空无一人又亮起了红灯。她的嘴角微微上扬，是被那一刻的幸福感染。同事们开始举杯呐喊，还有人碰了一下她的胳膊，她才回过神来。

灯红酒绿，车水马龙，她看着同事们已经泛红的脸颊，突然想起了从前的自己。悄无声息的，烧酒下喉，带来一丝灼热的感觉。

不知不觉，已经是来上海的第二年。

002

晚上回家的路上，她没有去坐地铁，而是打了车。在后车厢里，她连了不怎么好用的 VPN（虚拟专用网络），偷偷解锁了 Instagram 上的黑名单。名单里只列着一个人，头像和两年前的一模一样，对方穿着黑色的丹宁布衬衣，背景墙是黑白相间的格子。记得她第一次看到这个头像时，怀疑对方一定是在洗手间里照的，但这张照片却是她最喜欢的一张。有好多好多的相片曾经躺在她的相册里，后来全都被她删除了，只留下了这一张。

她把他从黑名单里放了出来，点开他的主页，看看他又新发了哪些照片，照片的配文是什么。她看到了他去希腊的图片，定位是在圣托里尼的某个小岛上。她盯着那张照片良久，昏暗的车厢里，屏幕发出的白光打在她的脸上，有些神伤。

圣托里尼是她最喜欢的地方。曾经，她无数次向他推荐过这个地方，这个她只去过一次就彻底爱上的岛屿。她也曾经提出过两个人一起去那里旅行，只可惜他那段时间工作很忙，又因为一场大病用光了所有假期，就拒绝了这个邀请。她是有些失落的，但也没办法。后来她想着将来一定要和自己深爱的人回到那里去看看，可未料想到那个人不是他。

照片里透露的是他平静而简单的生活，和她当初认识他的时候一样。身边还是那些朋友，仍是那么喜欢拍食物的照片。车子快要到达目的地的时候，她关上了他的主页，再一次把他拖回了黑名单。一瞬间，她又搜索不到这个叫 Nick 的人了。

这个流程，她再熟悉不过，就连她自己也搞不明白，为什么要煞费苦心地去把对方从黑名单里拉出来又拉回去。只是，她每次觉得孤单、觉得难过的时候，都会重复这个机械化的动作。日子久了，也变成了一种习惯。

她曾经问过自己是否还喜欢着对方，也曾给过自己假设，如果对方回来与她重归于好，她是否还愿意。答案是否定的，她清楚地知道自己已经不再对他抱有任何的爱慕，只是仍然残存一丝的眷恋。那种感觉像是，她无数次在深夜求救，而一根救命稻草帮助她熬过了无数个深夜。

003

　　他叫Nick，是个德国人。她认识他，是三年前在德国留学的时候。学校放假的时候她去参观柏林墙，在纪念馆里遇见了同样是一个人的他。

　　第一次约会的时候，她迟到了，那天柏林下大雨，她想着等会儿该如何跟对方道歉，然后就看见了站在韩餐馆门口的他。典型的德国人，从来不迟到。但真正让她惊讶的是，对方不是直接进去在座位上等她，而是站在店门口。那天，她看着Nick在雨中撑着那把黑色的伞，仿佛一下子触碰到了心中什么柔软的地方。

　　他是个特别害羞的人，约会的整个过程，他都不好意思直视她。反倒是她，越是遇到陌生人，话匣子越是敞开。他们围着一锅韩式烤肉，烤肉发出的滋滋声让气氛变得热络。Nick一直在认真地聆听。那时候她刚到柏林，德语还不怎么好，个别单词发音不准时，对方会温柔地帮她纠正。那天，他们聊了各式各样的话题，从柏林的历史到第一次世界大战，从韩国烤肉的正确食用方法到彼此最喜欢看的电视剧。

　　Nick掏出手机，给她看一长串自己正在追的剧。恰好有她最喜欢的某一部，两个人默契地聊起最新一季的剧情。也似乎是这一刻，他才变得没那么紧张，有几次对视的时候，他们忽然停止了说话，眼神与眼神之间仿佛产生了电流。

但真正让她喜欢上对方的一个细节是，他借自己去上洗手间的工夫偷偷去买了单。晚饭结束时，她向服务员要账单准备付钱，服务员小姐笑着对她说："您对面的这位先生已经买过了。"那一瞬间，她安静地看着对面的他，但内心像是从蹦床上弹起，再缓慢坠落。她说那下次一定要让她来买单，对方只是安静地微笑。

不得不承认，她被那笑容深深地吸引了，身体里有一股暖流经过。那时的她只有二十一岁，从前从没有真正喜欢上过一个人。但当她看过那个笑容之后，她变得慌张，像是一下子打破了陈规。

她喜欢上了他。

告别时，雨终于停了。安静空旷的马路边上只有一辆大巴车驶过，她冷得搓起手来，他靠近了她一些，问她需不需要自己的围巾。她笑笑说没关系，然后就收到了一个巨大的拥抱。在马路上等红绿灯的时候，她听见了他说"我喜欢你"。

004

她一度以为自己这辈子都不可能触碰爱情这种东西，直到这一天，她在回家的路上，大风把她的雨伞吹折，她才恍然大悟，这就是喜欢上一个人的感觉。她丝毫不管不顾这被吹坏的伞，不管雨点将她的外套打湿，幸福的感觉抑制不住地从心底里涌上来，她甚至想在雨中狂奔。

爱来得那么突然，她觉得自己是上天的宠儿。她像是吃到蜂蜜的小孩，抱着蜂蜜罐子似的，眼睛里闪烁着星星般的光芒。一时间，这世间万物都变得不再重要，除了她心里的那个人。

她和 Nick 每天都会聊到深夜，手机变成了爱不释手的宝贝。她喜欢他每天清晨的问候。偶尔午休的时候，他也会发来消息问她，到目前为止，这一天过得还开心吗？就这样，她的世界里突然多了一个人，他会关心她的每一天，也愿意与她分享自己的过去。

她终于不再羡慕任何人，她也不再自我安慰要学会和孤独相处。她唯一想做的，就是小心翼翼地呵护好这份来之不易的喜欢。朋友说她是孤独太久了，所以陷入了"一恋爱就变成了另一个人"的状态。

有一次，Nick 说自己去中国旅行时，非常喜欢中国的奶茶，于是她就把这件事深深记在了心里，第二天起了个大早去了最正宗的奶茶店，买了奶茶和蛋糕，想给对方一个惊喜。

那天，Nick 吻了她，她感受到了他舌尖的甜，是奶茶的味道。他放了她最喜欢的中文歌，是梁静茹的《丝路》，还有一首英文歌 *A thousand years*。Nick 讲起自己在中国的故事，还聊了聊高中的糗事。她听得入神，和第一次约会的时候截然不同，他变成了滔滔不绝的说书人。

他们躺在柔软的床上，Nick 环过她的肩膀，拿着床边那本他最近在读的《爱丽丝梦游仙境》。Nick 忽然用带着英式腔调的中文念了书的名字，她觉得他的声音性感极了，像午后温柔的微风吹拂着她。他对她说，将来他要在每天睡前都念这个故事给她听。

她闻到他头发的香味，有一次聊天时，她向他推荐了一款好用的护发素，没想到他竟然真的买了。是同样的香味，他说他专门为她改用了这款护发素。

每一秒时间的缝隙似乎都被甜蜜充盈，尽管只是静静地依偎着对方，都会感到幸福。她看着 Nick 房间窗外的风景，看到了一小片竹林。那是她第一次在柏林见到竹子，她曾以为在柏林的土壤里，不可能生长这种植物。

她用手机拍下了那一小片竹林，Nick 坐在她身后静静望着她。她看着竹子的时候，心里面突然升起一种欣喜，那喜悦好似在预示着什么。这世界是真的奇妙，原本自己以为永远不可能发生的事情，竟然在不经意间就出现在了这世间的某个角落。

005

她曾经以为他们可以长久地走下去，但却不知道某一次吻别，成了关系彻底终结的信号。

她从来没有认真算过他们恋爱的时间有多长，只知道在有一次过马路的时候，他没有像以往一样，手自然地轻抚她的腰间。就像是两条横线交叉，过了那个交点之后，两个方向变得越来越远。

那天，他们一起吃了火锅，她忽然用自己学到的葡萄牙语对他表白。她希望他也能对自己说同样的话，但对方却说对不起。其实 Nick 知道那句葡萄牙短语的意思是"我爱你"，他沉默了几秒后，对她说"我喜欢你"，但不是"我爱你"。

火锅滚着热汤，她尴尬地笑了笑，收起这个话题。她还想逞强地为自己辩解些什么，但看到对方的眼神时，她一下子放弃了，同时也乱了阵脚。

或许越是了解一个人，越能读懂一个人，哪怕只是一个简单的动作，一种平淡的语气。

那一晚，在她的楼下，Nick 在道别的时候沉默良久，热气不断地从两个人的鼻子中跑出来。他忽然深呼气，然后吐出一口气，张开怀抱，紧紧地抱了她一下，接着抬起手，抱着她的脖子，给了她一个深深的吻。那时候，她并不知道这个吻有怎样的意味。

她只知道，在那一天之后，她发了高烧，患了重感冒。Nick 忽然像消失了一般，没有再给她发消息，她也没有跟对方说自己生病了，却一直在等待对方主动来关心。

而这一等，等来的却是一场痛苦的失恋。

006

在爱里的故作矜持最终还是害苦了她，她想要对方的问候，哪怕只是一句简单的"你还好吗"。在感情濒临结束的时候，一个朋友找她诉苦，竟然约她去了她和 Nick 第一次见面的那家韩餐馆。为了朋友，她硬着头皮去了，还没进门，看到那家店的门牌时就一下子流了泪。

那晚她喝了不少酒，假借帮朋友疏解心事之机，自己却哭成了泪人。在洗手间的时候，她的手机忽然振动，传来消息的竟然是 Nick，她害怕 WhatsApp 上显示已读，便小心翼翼地看了预览。

当"我觉得我们可能没办法继续下去"这行字映入眼帘的时候，她的心"咯噔"了一下，耳朵里是列车驶过的轰鸣声。洗手池的水龙头一直开着，直到水池里的水满了溢出来，她才意识到这一切都是真的。

那个人真的要离开她了。

那条 WhatsApp 消息最终还是显示了已读，她试图挽回这段感情，却无果，最终被朋友骂醒。她花了一下午把一团糟的房间收拾好，那些被揉成团的纸巾，统统被丢进了垃圾桶。

那天，她在床上坐了一下午，直到黑夜把她的屋子包围，她终于拿起手机，给他发了一条消息：

"我们最后见一次面吧，我想把有些话说清楚。"

007

最后一次见 Nick，是在她常去的那家茶馆。她一下课就跑了过去，在对方下班前努力整理好自己的心情。

事实上，她也做到了，当对方出现在她面前的时候，她忍住没有流泪。

她点了茉莉花茶，他点了一杯日式抹茶，简单聊了聊彼此的近况。紧接着，他忽然开始向她道歉，说这一切都是他的错。她看着对面的他，只是笑笑，飞快在脑袋里寻找着最得体的回答。

她其实多么希望他在那句道歉之后，是重归于好的请求，而非"再见"。

但她仍旧只是笑笑，故作坚强地说没关系。两个人都沉默了，各自饮茶。

"只是很可惜，可能没办法听到你给我朗读《爱丽丝梦游仙境》了。"她笑着说。

这句话之后是 Nick 良久的沉默。

那句"可惜"更像是一句挽留的话，尽管她知道这段感情已经没有任何挽回的可能。

他问她，是否还可以继续做朋友。她斩钉截铁地拒绝。没有人知道她说出那句话的时候有多难过，只有她自己听见了心里传来的"滴答滴答"的声响。

心里下了雨，是因为眼睛忍着不能哭泣。

她对 Nick 说，现在你可以走了，而后露出一个简单的微笑，开始划手机。直到对方收拾好东西，转身离开时，她才抬起头，看了一眼他的背影。对方走得坚决，和她刚才让对方离开时一样坚决。

她看着那杯只喝了一小半的茶，身体像是失去了知觉一样瘫在那里。她记不清自己在那里坐了多久，客人来来去去一拨又一拨，直到服务员过来提醒，她才意识到茶馆即将打烊。

回去的路上，她戴着耳机，故意挑了一首快歌。她打电话给一家中餐馆，订了一些烧烤和啤酒，又打电话给自己的室友，叫她今晚陪自己不醉不休。

城市的建筑和汹涌的人群在欢快的背景音乐之下变得生动起来，

她强忍着难过，从心里挤出一丝希望，走过街角时把身上所有的硬币都给了一个流浪的老人。那个老人对她说了谢谢，一边笑着一边祝她有幸福快乐的一生。

她也回以微笑，可就在一转头的刹那，泪水还是不争气地掉了下来。

008

她还记着他们之间的所有细节。

比如，有一次她跟朋友们出去旅行，她请教朋友们怎么用各自的语言说"我喜欢你"，她学着把几种不同的表达都写下来，然后拍照发给 Nick。

也比如，在 Nick 逐渐不联系她的每一天里，她都无数次打开他的 WhatsApp 主页，查看对方的最后在线时间。

当然，也有许多未能完成的事。

比如，她说过自己要亲自做一顿晚餐给他吃；比如，他们约好了一起去公园晒一下午太阳，再去她最喜欢的一家粤菜馆子。

最终，她以告别的仪式感删除了他们之间所有的聊天记录，拉黑了对方一切社交账号。爱丽丝不在仙境，所有的能证明过他们曾经互相喜欢的证据全都被一一清除。

但是真的彻底清除一个人在另一个人的生命中的记号却没那么容易。朋友们都以为她彻底忘记了他，她也自我欺骗似的不断告诉自己真的忘记了那个人。可现实是，在这之后的无数个深夜，她都会不知不觉地想起他。

那些熟悉的情节、熟悉的地点，一遍又一遍地像电影似的在她脑海里重播。于是，她学会了那套熟悉的流程，偷偷解除拉黑，去看对方最近的生活。

幸运的是，她逐渐不再会因为这些细节和对方的新生活而感到难过。只是，她还是会怀念那段时光里的自己，怀念那个渴望被爱、得到一丁点儿喜欢就不能自拔的自己。

或许，这种怀念与眷恋也是好事，让她挺过一些难挨的夜晚，和生活各种的困难与无助。她也时而庆幸，自己没那么糟糕，至少被一个人真实地喜欢过。但随之而来的是，她仍旧渴望被爱，开始怀疑爱情是否会是她人生的最终归宿。

就这样，一年又一年，时间从她的生命中留下痕迹。她离开了德国，搬去了上海，在那里安了家。

那段恋情结束后的三年内，她都没有再遇到一个人。她似乎又像是回到了从前的那个自己，但不同的是，她不再强烈地渴望，而是怀着恰到好处的希望。

009

车子终于在她居住的小区门口停了下来，手机微信里传来新的信息，是刚才部门聚餐大家最后的合影。

她看了一眼手机，拿出了耳机，随便在播放器上找了一个网友精选的歌单，在一首欢快的民谣后，竟然播放了梁静茹的《丝路》。

她停下了脚步，坐在小区里的一条长椅上，抬起头看着天空，安静地把那首歌听完。

当唱到那句"爱上了你之后我开始领悟，陪你走了一段最唯美的国度"时，有一阵风拂过，那颗一直躲藏在云后的星星终于跑了出来。

后记 我是个年轻人，我想酷一点

阿拉斯加的鳕鱼最终还是要回到水底，它们溯游，它们跳跃，它们在生命最美的时刻做了最接近天空的事情。

回头遥望过去时，才发现人生中有那么多美妙绝伦的瞬间就在懵懵懂懂的年纪里，像时光的河流飞奔而去了。在那些年纪里，我总是在不停地畅想未来，它会是怎么样，是否会像瀑布那样一泻而下，肩膀上是一腔孤勇，还是说，它会像天空中那璀璨的烟花，即便置身暗夜，也发出强烈的光芒？

后来，当我开始以相同的时间跨度，走到曾经向往的人生节点时，才发现，原来那些畅想的和眼下经历的生活都不同。或许会因为这些不同带来的落差而产生失落和失意，但感伤很快就会过去，收拾收拾便能重新启程。生命待我不薄，只是让我在实现人生最灿烂的那一刻之前，蛰伏一阵子。

在蛰伏的时刻，我试图寻找一个"你"。那个"你"是谁？是陪在我身边，解读我的过去，想要和我一起创造未来的人；那个"你"是在我哭泣时，会同我苦饮到天明的人；那个"你"是永远站在身后，给我一个港湾的人；那个"你"也是自己忍过寂寞、挨过苦涩的人。

那个"你"是爱人，是友人，是亲人，也是我自己。

在我二十几岁的年纪，这些无数的"你"与我的生活产生交集，或许是擦肩而过，或许还留在身边，但都成为我每每回忆过去时，五味杂陈的根源。我很庆幸能拥有或者曾经拥有过那么多个"你"，他们让我这一段人生充满了意义，也让我感受到了最接近天空的幸福感。

我希望自己的每一段人生都可以被记录，希望它们是扎实的，也希望它们之中的每一种瞬间、每一个故事都能给读到它们的人带来扎实的意义，因而我将这些与无数个"你"有关的故事，集结了起来，作为那时的我给现在的自己的一份礼物，也是给每一位文字面前的"你"的礼物。

我们每个人的一生或许都是一个寻找"你"的过程，这个"你"大多带着我们对未来美好的愿景。长情的爱人，牢靠的友人，健康的亲人，还有那个越来越好，越来越从容，越来越懂得享受生命的自己。

我希望每一位读到这本书的人，坚信我们每一个人都在不断拓宽自己人生的宽度，我们的人生都会变得更加饱满和丰富。就仿佛那烟火，在绽放前总要在黑夜里安静等待，而后竭尽全力飞驰到最高处。在我们寻找那个"你"的漫漫长路里，亦是如此。

但也请不要担心，因为你们还有我，我还有你们。我们虽然隔着遥远的空间，但是此刻眼前的文字会形成某种关联，将我们置于同一种情感之下。其实，在某种意义上，此刻的你们也是我生命中的一个角色，无数个"你"让我寻到了某种值得欣慰的意义，那就是被短暂地记得。

我很幸运也很感激，可以有机会把自己的故事以这种特别的形式传递给你们，也感恩你们愿意抽出时间阅读这一个个我生命里的碎片。

或许在这些故事里，你们会更加了解躲在文字后面的那个我，也会找到相似的自己。

当生活没有按照预定的轨道前行时，我希望我们每一个人都不要沉浸于失落。因为那只是人生的列车在众多轨道里选择的一个方向，沿途的风景不一定都是糟糕的，或许它也会带来意外的惊喜。

愿我们的人生都变得愈发辽阔，在像烟花绽放最美的那一刻之前，努力地做自己，不惧黑夜的迷茫。愿我们都能拥有更多心跳的时刻，愿我们都不再是幸福的旁观者，而是书写者。

那个会在你身边陪你一起周游世界的"你"，那个会跟你喋喋不休抱怨生活难熬的"你"，那个在视频里已经长出更多白发的"你"，还有那个不断成熟不断长大的"你"，都将在期盼过无数次的明天里出现。

伴随着的是晴天，是彩虹，是安静空气里温柔的风声。

送给我的每一个"你",也送给那个站在历史中央,在青春中漂浮的自己。

王宇昆
2020 年 1 月于上海